Cay von Fournier
Silvia Danne

ANDERS und nicht ARTIG

Neue Wege der Unternehmenspositionierung
Mit mehr als 100 erfolgreichen Praxis-Beispielen

2., erweiterte Auflage

Linde
international

Bibliografische Information der Deutschen Nationalbibliothek

Die Deutsche Nationalbibliothek verzeichnet diese Publikation in der Deutschen Nationalbibliografie; detaillierte bibliografische Daten sind im Internet über http://dnb.d-nb.de abrufbar.

ISBN 978-3-7093-0562-1

1210 Wien, Scheydgasse 24, Tel.: 01/24 630
www.lindeverlag.at
www.lindeverlag.de

Umschlag: buero8, Verena Lorenz, München
Satz und Layout: Verena Lorenz, München
Druck und Bindung: PBtisk a.s.
Dělostřelecká 344, 261 01 Příbram, Tschechien – www.pbtisk.eu

Unseren Eltern gewidmet.

Ihr seid unsere Helden
und für uns die wichtigsten Produzenten
von AndersArtigkeit.

Inhalt

9 Vorwort Heribert Meffert

10 Vorwort Cay von Fournier und Silvia Danne

16 Einleitung: Marketing ist tot, es lebe das Marketing

22 Kapitel I: Warum es so wichtig ist, anders zu sein

25 Das andersArtige 21. Jahrhundert

26 Die Sintflut ist da

27 Der Leuchtturm ist weg

29 Knappheit macht kreativ

30 Implosion alter Modelle

35 Marketing 3.0 und die neuen Wege der Positionierung

36 Marketing und seine Historie

43 Alles wird anders: Marketing 3.0

49 Key Facts aus dem Vortrag von Heribert Meffert zum Thema „Von Marketing 1.0 zu Marketing 3.0 – Status quo und Perspektiven der marktorientierten Unternehmensführung“

53 10 Thesen für das Marketing des 21. Jahrhunderts
58 1. These: Erfolg ist „andersArtig“ oder „anders artig“.
59 2. These: Verlange einen guten Preis für einen guten Nutzen!
62 3. These: Werte schaffen Werte.
64 4. These: Die Seele der Menschen will berührt werden.
67 5. These: Der Kunde ist im Herzen ein Kind.
69 6. These: Auch der Kunde will „anders“ sein.
71 7. These: Investitionen in Kunden zahlen sich aus.
73 8. These: Marketing muss ganzheitlich sein.
74 9. These: Reale Wirtschaft braucht virtuelle Welten.
77 10. These: Andere Wege führen zum Ziel!

81 Gestern anders, heute normal – und morgen?
82 Der Lebenszyklus der AndersArtigkeit
84 Die „Hidden Heroes“
86 Anders nach Plan

90 Kapitel II: Artige und andersArtige Marken

93 Das Geheimnis der Ganzheitlichkeit
94 Verstand ist nicht alles
95 Verstand und Gefühl sind nur der halbe Mensch

101 Die MarkenIndividualität
102 Das mi-Modell
103 Die Identität einer Marke
109 Die Ideologie einer Marke
111 Das Image einer Marke
118 Die MarkenIdee
119 Menschen mit Markenzeichen

122 Kapitel III: Was andersArtige Unternehmen erfolgreich macht

125 Zurück zum Wahren, Guten, Schönen
127 Exzellent anders
129 Erfolg mit Geschichte
130 Alte Bilder für schnelle Maschen

133 Anders oder artig: Wo stehen Sie?
134 Sympathie macht erfolgreich

137 Der AndersArtigkeits-Index
140 Das inspirierende Unternehmen: Wie stark ist Ihre Marke?
144 Das emotionale Unternehmen: Wie mitarbeiterbezogen ist Ihr Unternehmen?
153 Das Unternehmen als Organismus: Wie gut ist Ihr Unternehmen organisiert?
159 Das innovative Unternehmen: Wie ideenreich ist Ihr Unternehmen?
162 AndersArtige Übernahme unternehmerischer Verantwortung

168 Kapitel IV: Artige und andersArtige Wege zum Erfolg

171 Erfolg ist individuell
172 Wenn Joghurt zaubern lernt
174 Schluss mit ähnlich!

177 Die AndersArtigkeits-Matrix
180 Auffallen ist nicht alles
182 Wer sich vergleicht, wird gleicher

183 Happy in the Middle: alles andere als mittelmäßig
186 Big Business: die Masse macht erfolgreich
191 Emotional Business: auffallend artig
202 Freaky Business: kreativ anders
212 Sexy Business: leidenschaftlich anders

220 Kapitel V: Das erfolgreich positionierte Unternehmen

223 Der AndersArtigkeits-Check
227 Wie andersArtig ist Ihr Unternehmen?

231 Vom Marketing 3.0 zum Management 3.0
234 Die andersArtige Strategie eines Unternehmens
235 Die andersArtige Organisation eines Unternehmens
236 Das andersArtige Management eines Unternehmens
240 Die andersArtige Führung eines Unternehmens

246 Kapitel VI: Best Practice

248 100 Prozent bio, 100 Prozent fair, 100 Prozent andersArtig
254 AndersArtige Aufladung eines Images
260 Tagebuch eines andersArtigen Trikolaunches
266 „Real Stories" zur andersArtigen Markenstärkung

274 Literaturverzeichnis
276 Fußnotenverzeichnis
282 Die Autoren
286 Vorträge von und Workshops mit den Autoren

Vorwort

Heribert Meffert

Die Geschichte des Marketing ist auch eine Geschichte des beständigen Wandels. Vom produktorientierten Transaktions-Marketing der 1950er bis 1970er Jahre (Marketing 1.0) hat es sich über das kundenorientierte Relationship-Marketing (Marketing 2.0) ab Beginn des 21. Jahrhunderts zu einem wertorientierten Netzwerk-Marketing (Marketing 3.0) entwickelt. Diese Entwicklung bietet neue Chancen, aber auch neue Herausforderungen für die Wettbewerbspositionierung von Unternehmen. Die Autoren dieser Publikation heben dabei einen ganz besonderen Aspekt der Positionierung hervor: Andersartigkeit.

Bei zunehmender Produkthomogenität und Markenkonfusion werden in Zukunft verstärkt kreative und andersartige Lösungen eine Rolle spielen, bei denen es darum geht, die etablierten Spielregeln zu ändern und Grenzen zu verschieben. Andersartigkeit darf dabei aber kein Selbstzweck sein, sondern muss für die Marke und das Unternehmen zu einer verteidigungsfähigen und vor allem relevanten Differenzierung gegenüber dem Wettbewerb führen.

Das vorliegende Buch von meiner ehemaligen Mitarbeiterin Frau Dr. Danne und von Dr. von Fournier will Anregungen für Praktiker vermitteln und Chancen aufzeigen. In diesem Sinne wünsche ich allen Lesern eine erfolgreiche Umsetzung der dargelegten Gedanken.

Heribert Meffert

Vorwort

Cay von Fournier und Silvia Danne

Es ist Januar 2011. Das erste Jahrzehnt des neuen Jahrhunderts ist vorbei und die Welt hat sich verändert. Facebook ist zum drittgrößten Land der Erde geworden … digital zwar, jedoch sind in diesem Land die Menschen einander oft enger verbunden als die Bewohner anderer Länder. Sogar der Papst missioniert dieses Land bereits, zwar derzeit noch mit wenigen Freunden, aber er ist hier ja auch erst wenige Tage im Amt. Ein Wert von 50 Milliarden US-Dollar entstand über die letzten sechs Jahre. Mag sein, dass dieser Wert ebenso schnell wieder verschwindet oder sich verdoppelt oder …

Wir leben in einer Zeit extremer Veränderung. Zwar ist nicht alles „funkybusiness", nicht alles neu. Der Gemüsehändler an der Ecke etwa macht noch immer gute Geschäfte. Aber in Zeiten des raschen Wandels werden gewisse Kompetenzen immer wichtiger: die Kompetenz, den richtigen Preis für ein Produkt oder eine Dienstleistung zu finden, dieses richtig zu vermarkten, und auch die Kompetenz, das Unternehmen richtig zu führen, das diese Leistungen täglich erbringen soll. In Zeiten des Aufschwungs hatten wir hier einigen Spielraum und konnten uns Fehler leisten. Heute können wir dies nicht mehr. Kreativität und Kompetenz sind zu den wichtigsten Wettbewerbsfaktoren geworden. Entweder Unternehmen investieren in diese Faktoren oder sie gefährden ihre Existenz.

Vor diesem Hintergrund wird gutes Marketing immer wichtiger, vor allem der Aspekt der richtigen Positionierung eines Unternehmens oder eines Produkts. Als wir hierüber nachdachten und uns die vielen guten Gespräche mit Unternehmern und Führungskräften aus unseren Seminaren vergegenwärtigten, kamen wir auf ein Wort, das den Unterschied ausmacht. Wir kamen auf den Unterschied schlechthin. Was unterscheidet ein Unternehmen von dem anderen? Was unterscheidet Produkte oder Dienstleistungen? Die Antwort

war einfach: AndersArtigkeit. Das Offensichtliche wird selten gesehen. Und so sammelten wir all die vielen Beispiele, die uns in unseren Seminaren und Beratungen, aber auch in unseren eigenen Unternehmen aufgefallen waren. Auch die vielen Situationen, in denen wir nicht Anbieter, sondern ganz einfach Kunden waren, machten uns immer mehr bewusst, dass AndersArtigkeit weder ein Zustand noch ein Ziel ist, sondern ein Weg. Die Praxis des Marketings traf die Praxis der Unternehmensführung und aus dieser Verbindung wurde etwas wirklich AndersArtiges.

In der Natur können wir die Prinzipien der AndersArtigkeit beobachten. Sie zeigt seit Jahrmillionen, dass Erfolg sehr individuell ist und dass es stets neue und andersArtige Wege gibt, erfolgreich zu sein. So jagt ein Gepard in der Regel alleine, die Beute darf demzufolge die Größe einer Gazelle nicht überschreiten. Allein die Tatsache, dass er das schnellste Tier auf dem Land ist, macht den Geparden andersArtig, mit seiner Beschleunigung von null auf 100 km/h innerhalb von vier Sekunden lässt er jeden Sportwagen stehen. Daher gehört seine Erfolgsquote bei der Jagd auch zu den höchsten aller Raubtiere. Trotz dieser herausragenden Fähigkeiten kann der Gepard seinen Jagderfolg noch steigern, indem er mit anderen Geparden gemeinsam auf Beutezug geht. Durch diese Abweichung vom „Üblichen" (von der Art), durch diese „AndersArtigkeit" ist der Gepard in der Lage, auch größere Tiere, wie zum Beispiel einen Vogelstrauß, zu erlegen.

Ein weiteres Beispiel der Natur für eine „andersArtige" Idee, die zum Erfolg führt, sind die Delphine im Süden Floridas, die in flachem Wasser einen

Kreis um ihre Beute ziehen und durch intensives Bewegen ihrer Flossen den sandigen Meeresboden aufwirbeln, so dass die Beutefische ihn als eine Wand empfinden und nicht hindurch schwimmen. Jagen kann so einfach sein, denkt sich diese Gruppe von Delphinen, wenn ihnen die Fische bei immer enger gezogenem Kreis praktisch ins Maul springen. Ob das Chamäleon, das sich seiner Umgebung anpasst, fliegende Fische, die ihrem Feind durch die Luft entkommen, oder sich eingrabende und somit tarnende Schlangen – die Natur zeigt uns eine unendliche Zahl von unterschiedlichen, andersArtigen Wegen zum Erfolg. In der Wirtschaft gelten ähnliche Regeln. Wenn die Technik von der Natur lernen kann (Bionik), so kann dies ganz sicher auch das Business. (Wie wäre es mit dem andersArtigen Wort: „Bioness“?)

Über AndersArtigkeit möchten wir mit Ihnen, liebe Leser, diskutieren. Dieses Buch ist kein Lehrbuch und es will auch keine Antworten geben.

Wir wollen vielmehr Fragen stellen.

Fragen lösen Denkprozesse aus und Fragen schaffen AndersArtigkeit. Wir wollen Beispiele zeigen und wichtige Anstöße geben, die Ihnen auf dem Weg zu mehr AndersArtigkeit helfen sollen. Patentrezepte haben wir nicht (in der Welt der Unternehmen gibt es diese auch nicht), aber einige Zutaten. Die genialen Ideen kommen letztendlich immer von Ihnen!

Sie, liebe Leser, entscheiden über Ihre AndersArtigkeit, über Ihren Erfolg und auch über Ihr Glück, niemand sonst. Ihnen auf diesem Weg wertvolle Impulse zu geben, ist das Ziel unserer Arbeit.

Januar 2011

Vorwort – 2. Auflage

In all unseren Beratungsprojekten der vergangenen Jahre waren wir immer wieder erstaunt, wie schnell die Perspektiven und Innovationen im Marketing, die wir in unserem Buch beobachtet und beschrieben hatten, Realität wurden. In der Lebensmittelbranche beispielsweise ist das Marketing 3.0 hochaktuell. Ganz gleich, ob mit den Claims „supergeil" oder „Besser leben" – es geht immer stärker um den Wert eines Produktes, eines Angebotes und einer Dienstleistung. Die Frage nach dem Sinn wird wichtiger und damit auch die Frage nach den Werten, die dahinter stehen.

Dies ist im Wesentlichen der Kern unseres Buches, das nun schon seit drei Jahren auf dem Markt ist und zu viel Austausch sowie zahlreichen Projekten geführt hat. In diesen Projekten durften wir den Bogen von einem neuen und frischen Leitbild bis hin zu einer wirksamen Positionierung spannen. Ob es die neue Ausrichtung ganzer Unternehmen war oder die Unterstützung bei der erfolgreichen Positionierung von Marken: Stets war die Auseinandersetzung mit dem „neuen" Marketing ein spannender Weg. Mit viel Freude und Begeisterung durften wir feststellen, dass wir den einen oder anderen Trend vorhergesehen hatten.

Viele Disziplinen der klassischen Betriebswirtschaft fließen ineinander, wie in einem modernen Bild. Dieses Bild gibt uns einen Ausblick auf ganz und gar veränderte Spielregeln der Wirtschaft. Zum Marketing 3.0 gesellt sich auch eine Strategie 3.0 oder ein Management 3.0 – wobei die „3.0" in all diesen Disziplinen hergeleitet werden kann und beschreibt, dass es nach der Gründung einer Disziplin wie Marketing, Strategie und Management bereits einen radikalen Wandel gab, der die letzten Jahrzehnte geprägt hat. Aus diesem Verständnis für die jeweilige Kompetenz und deren Entwicklung ist es uns gut möglich gewesen, diesen nächsten radikalen und aktuellen Wandel zu beschreiben. Dies faszinierte uns umso mehr, als wir beide als Autoren unsere Kompetenzen vereinen konnten zu einer ganzheitlichen Sicht auf ein Unternehmen.

Mit dieser 2. Auflage wollen wir diese Sicht noch weiter schärfen. Wir haben neue Beispiele hinzugenommen, die sich zum Teil aus unseren vielen Praxisprojekten ergeben haben. So sind es in der Zwischenzeit weit mehr als 100 Beispiele für AndersArtigkeit geworden. Einige sind sogar einzigartig und alle miteinander sollen Sie dazu ermutigen, Ihren eigenen Weg zu finden – andersArtig oder auch einzigartig zu sein. Wenn wir dieses Wissen mit dem Verständnis für Werte, die den eigentlichen Wert eines Produktes ausmachen, kombinieren, wird ein brillantes Konzept für Unternehmen geschaffen, das viel mehr bewirkt, als nur die Aufmerksamkeit von Kunden zu intensivieren und höhere Preise zu bewirken.

Wir legen Ihnen die Lektüre dieser erweiterten Neuauflage aber noch aus einem anderen Grund ans Herz:

Marketing 3.0 wird immer wichtiger für die interne Kommunikation, für Projekte und neue Wege des Online-Marketing.

Die jetzt im Berufsleben angekommene „Generation Y“ fragt wesentlich intensiver nach Werten und dem Sinn eines Unternehmens, als es noch bei der „Generation X“ oder den „Babyboomern“ der Fall war. Und bei der „Generation Z“, die gerade in den Startlöchern steht, werden diese Fragen nochmals wichtiger werden.

Mit diesem Buch möchten wir helfen, einen Wandel im Bewusstsein zu bewirken. Das klassische Transaktions-Marketing, das Push-Marketing, verliert immer mehr an Bedeutung. Ein Spruch lautet zwar: „Viele Wege führen nach Rom“, aber wenn dies so ist, dann führen auch viele Wege aus Rom hinaus. Der von uns entliehene Satz „Das Marketing ist tot, es lebe das Marketing“

wird somit weitergedacht: Rom ist gefallen und nun führen viele Wege hinaus in die aufregende und spannende Welt der AndersArtigkeit, der Unterscheidbarkeit, der Individualität von Unternehmen und Sympathie von Marken.

Mit dieser 2. Auflage sind wir weiter auf diesen Wegen unterwegs und suchen gemeinsam mit unseren Lesern und Kunden nach neuen Wegen der Identifikation mit Marken und der Unterscheidbarkeit von Produkten und Dienstleistungen. Und: Wir suchen für alle Kunden und Mitarbeiter eines Unternehmens nach dem Sinn des Unternehmens selbst, nach dem Sinn des täglichen Handelns und der damit verbundenen Begeisterung für „etwas". Und um dieses „Etwas" geht es.

Damit wird Marketing 3.0 zur Suche nach dem Sinn einer Marke. Die Zeit des „Sinn-Marketing" beginnt – so zumindest erleben wir es in unserer täglichen Praxis.

Dabei freut es uns sehr, dass Sie unsere Reise mit diesem Buch begleiten wollen. Lassen Sie sich inspirieren und bewahren Sie die Leidenschaft, die Sie dabei finden werden. Viel Freude mit der 2. Auflage.

Juli 2014

Silvia Danne & Cay von Fournier

Einleitung:

Marketing ist tot, es lebe das Marketing

Seit jeher verbarrikadieren sich Menschen in sicheren Winkeln, um sich dem Wandel der Zeit zu entziehen. Es gibt Zeiten, wo das durchaus funktioniert. Es gibt aber auch Zeiten, in denen Burgen und Bastillen radikal gestürmt werden und die Welt sich dramatisch verändert. Wir finden: Es ist wieder soweit. Es ist höchste Zeit für eine kleine Revolution in der Welt der Wirtschaft. Oder auch eine große? Das wird sich zeigen.

Zur Zeit der Französischen Revolution versteckten sich die Mächtigen hinter Mauern aus Stein. Heute geschieht das Gleiche in Besprechungszimmern hinter versteinerten Gedanken und Paradigmen, mit denen sie seit einem halben Jahrhundert beharrlich versuchen, die Welt zu erklären, auch wenn sie langsam merken, dass die alten Erklärungsmuster nicht mehr greifen. Sie machen die Augen zu. Sie verhalten sich so, als wäre nichts passiert, während sich die Welt um sie herum mit Getöse verändert, gesellschaftliche Umbrüche unübersehbar sind und die Ökonomie sich aus freien Stücken an den Abgrund wirtschaftet: Unternehmen, die es seit Jahrzehnten gibt, fallen von heute auf morgen tot um, während ganz junge Firmen plötzlich vor gigantischen Chancen stehen (und das mit Geschäftsmodellen, die das Establishment kaum mehr versteht).

„Le roi est mort, vive le roi“ – so lautete die Heroldsformel, mit der Frankreich den Tod eines alten Königs bekannt gab und im selben Atemzug den neuen begrüßte. Wir sagen: „Das Marketing ist tot, es lebe das Marketing!“ In diesem Buch möchten wir ein Marketing der dritten Generation einführen. Denn wir sind überzeugt: Wenn Unternehmen an Marketingmethoden der 1990er Jahre oder sogar an denen der 1950er Jahre festhalten, ohne die Zeichen der Zeit zu berücksichtigen, haben sie den Wandel der Welt nicht verstanden, die Welt wird aber auch sie nicht mehr verstehen – und dann können sie auch gleich das Licht ausschalten.

In diesem Buch möchten wir Ihnen, liebe Unternehmer, Führungskräfte, Mitarbeiter, liebe „junge Wilde“ und „alte Hasen“, drei Modelle vorstellen, mit denen Sie die Positionierung Ihres Unternehmens und Ihrer Marken ganz praktisch auf den Prüfstein stellen – und bei Bedarf völlig neu erfinden können. (Dann können Sie das Licht in Ihrem Laden auch munter weiter leuchten lassen.)

Im Mittelpunkt steht dabei das Thema „AndersArtigkeit“, das wir mit vielen Beispielen illustrieren. Wir sind überzeugt: Unternehmen und Produkte, die ganz klar „anders“ sind, haben die Chance, erfolgreich zu sein. Was zeichnet sie aus? Sie brechen Regeln, machen etwas ganz Neues oder verbinden Angebote für ihre Kunden anders als andere. Sie rechnen anders, machen andere Preise, haben eine andere Kommunikationskultur oder spielen anders in den Medien.

Gerade die Medien finden es interessant, über etwas Neues zu berichten. So schaffte es ein Joint Venture strickender Omis aus Frankreich bis in die Tagesschau in Deutschland (www.goldenhook.fr) oder ein verrückter Fischmarkt in Seattle seit vielen Jahren auf die Bestsellerlisten der Wirtschaftsbücher *(„Fish! Ein ungewöhnliches Motivationsbuch“).*[1]

Quelle: www.goldenhook.fr

Wir zeigen aber auch, dass es für Unternehmen eine Menge anderer Wege gibt. „Wer nicht auffällt, fällt weg!“ ist ja nur eine Seite der Medaille. Es gibt unzählige Firmen, die keiner kennt und die auch gar nicht auffallen wollen und die gerade deshalb besonders erfolgreich sind. Nehmen Sie die „Hidden Champions“, die bereits in den neunziger Jahren des 20. Jahrhunderts von Hermann Simon beschrieben wurden.[2] Weltmarktführer, die keiner kennt und die auch überhaupt keinen Wert darauf legen, dass man sie kennt. Bekanntheit weckt Begehrlichkeiten des Wettbewerbs. Viel lieber sind sie im stillen Kämmerlein erfolgreich und bleiben dabei bescheiden, als den eigenen Erfolg zu Markte zu tragen.

Kurz: Auffallen kann gut sein, muss es aber nicht. Anders sein kann gut sein, muss es aber auch nicht. Das Gleiche gilt für artig: kann, muss aber nicht funktionieren.

(Mit „artig“ meinen wir übrigens „der bisherigen Art entsprechend“. Also so, wie alle oder die meisten das Geschäft machen, bis wieder einmal ein Verrückter kommt und den gesamten Markt umkrempelt, indem er einfach alles anders macht.)

Wichtig ist, dass Sie das, was Sie machen, konzentriert und mit Fokus angehen. Finden Sie eine klare Positionierung für Ihr Unternehmen!

Dann verstehen Ihre Kunden auch, was Sie machen, wer Sie sind, was Sie bewegt, für was Sie stehen – und wer Sie für Ihre Kunden „sein“ können. Ja, wir schreiben bewusst „sein“: Ihre Kunden wollen heute nämlich nicht mehr nur einfach ein Produkt bei Ihnen kaufen, sondern eine Story, eine Heimat für ihr zerstreutes Selbst, eine heile (Marken-)Welt. Sie haben keine zu bieten? Erfinden Sie eine. Wir möchten mit diesem Buch zeigen, wie das in Ihrem Unternehmen gehen kann.

I

Im ersten Kapitel zeigen wir Ihnen, warum es für Unternehmen so wichtig ist, anders zu sein – und warum diese AndersArtigkeit immer wieder neu erfunden werden muss. Wir werfen auch einen Blick auf die Geschichte des Marketings: Wo kam es her, wie hat es sich entwickelt, warum ist es an Grenzen gestoßen und wie können diese Grenzen durchbrochen werden?

II

Das zweite Kapitel widmet sich artigen und andersArtigen Marken. Zu diesem Thema haben wir ein Modell der MarkenIndividualität rund um die Begriffe MarkenIdeologie, MarkenImage, MarkenIdee und MarkenIdentifikation entwickelt. Mit diesem Modell gewinnen Sie einen umfassenden Blick auf Ihre Marken und deren Positionierung.

III

Im Mittelpunkt des dritten Kapitels steht der neu entwickelte AndersArtigkeits-Index: Ein Modell mit zwölf Faktoren in vier Quadranten, die Ihr Unternehmen und Ihre Produkte als „anders“ auszeichnen. Dieses Modell bietet Ihnen die Chance, Ihr komplettes Unternehmen durch die ganzheitliche AndersArtigkeits-Brille zu betrachten – und dabei seine Stärken und Schwächen deutlich zu erkennen.

IV

Kapitel vier beschreibt artige und andersArtige Wege zum Erfolg. Hier haben wir eine Fülle aktueller Beispiele für Sie ausgewählt und diese so lange analysiert, bis wir die Entwicklung unseres dritten Modells abgeschlossen hatten: Die AndersArtigkeits-Matrix mit fünf Möglichkeiten der Positionierung. Sehen Sie selbst, wie erfolgreiche Unternehmen sich hier wiederfinden – und entschlüsseln Sie Ihre eigene Positionierung! Sie haben keine? Dann ist es höchste Zeit, Ihr Unternehmen in ein andersArtiges zu verwandeln.

V

Damit Sie mit all Ihren neuen Erkenntnissen nicht allein im Regen stehen bleiben, schlägt das fünfte Kapitel einen mutigen Bogen vom Marketing der dritten Generation zu einem Management der dritten Generation. Schließlich wollen Sie Ihre Ideen ja nicht in Ihren Gehirnwindungen oder Hängeordnern verstauben lassen, sondern in die Tat umsetzen.

VI

Im sechsten Kapitel zeigen wir Ihnen vier ausführliche, sehr erfolgreiche Beispiele von Unternehmen, die sich für einen andersArtigen Weg entschieden haben. Also: Verlieren Sie keine Zeit und fangen Sie heute damit an, sich durch Ihre AndersArtigkeit vom Wettbewerb abzuheben und dadurch erfolgreicher zu sein und auch zu bleiben.

Wir wünschen Ihnen jedenfalls eine ordentliche Portion Mut, aus der Reihe zu tanzen, gegen den Strom zu schwimmen, bekloppte Dinge zu tun, Ihr Unternehmen auf den Kopf zu stellen, Ihre Branche umzukrempeln – kurz: Einfach Sie selbst zu sein, egal, was andere tun. Was haben Sie zu verlieren? Wesentlich weniger, als wenn Sie nichts tun. Und wenn es „nur" der Ausbau Ihrer bisherigen Kompetenzen ist, die klarere Strategie und Kommunikation. Halten Sie Gegensätze aus, denn es gibt nicht den einen Weg zum Erfolg – es gibt jeden Tag neue Möglichkeiten. Denken Sie an den Ausspruch von Victor Hugo: *„Die Zukunft hat viele Namen! Für Schwache ist sie das Unerreichbare, für die Furchtsamen das Unbekannte, für die Mutigen die Chance."*

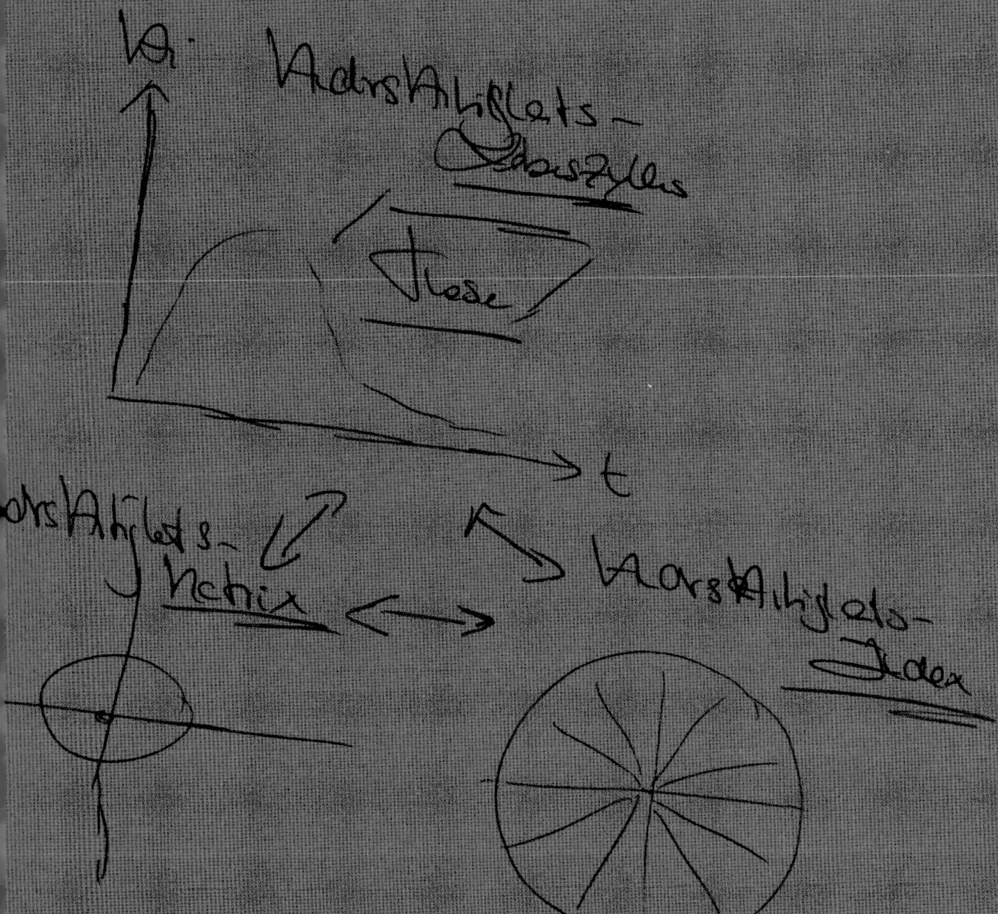
These
t
Matrix
Index

I

Warum es so wichtig ist, anders zu sein

Das andersArtige 21. Jahrhundert

Beginnen wir mit den ganz offensichtlichen Trends, die das Zusammenleben unserer Gesellschaft und den bedenklichen Zustand unserer Wirtschaft derzeit maßgeblich prägen und die ein Zeichen dafür sind, dass wir eine Welt im Umbruch erleben. Schauen Sie sich nur um: Was sehen Sie? Zu viel von allem.

Die Sintflut ist da

Wir leben in einer permanenten Überschwemmung (nichts anderes bedeutet das althochdeutsche Wort „sin[t]fluot"). Wir werden täglich überflutet von Nachrichten und Werbung, die uns aus allen möglichen Medienkanälen entgegenschwappt, und jeden Tag bewerfen uns Konsumgüterhersteller, Lebensmittelproduzenten, Modeschöpfer und die Pharmaindustrie (um nur wenige zu nennen) mit hunderten von „Innovationen", die wir nicht brauchen, die wir nicht haben wollen und deren Sinn wir nicht verstehen. Von allem gibt es zu viel. Zu viele Hersteller, zu viele Marken, zu viele Sorten mit zu wenigen Unterschieden. Das geht so weit, dass uns schon der Kauf einer Ketchup-Flasche in eine schwere Multioptionsparalyse stürzen kann. Kein Wunder also, dass sich auch unsere eigenen Kunden schwertun: Sie nehmen unsere Produkte und Dienstleistungen nicht wahr. Und wenn doch, können sie sich nicht für unsere Angebote entscheiden. Sie lesen wochenlang Tests, studieren Käufer-Bewertungen und vergleichen Preise. Das Internet macht die Märkte so transparent, dass die Kunden überhaupt nicht mehr durchblicken.

In dieser Situation agieren die meisten Unternehmen falsch. Sie stecken sehr viel (viel zu viel) Geld in Forschung und Entwicklung, um noch mehr Pseudo-Innovationen auf den Markt zu werfen. Sie machen ihre Produkte immer billiger, weil sie sich vom allgemeinen Preiskrieg anstecken lassen. Sie versuchen, mit viel Tamtam weitere Zielgruppen auf sich aufmerksam zu machen. Sie bieten immer mehr Produkte und Dienstleistungen an. So werden sie immer breiter und dicker, verwandeln sich in kippelige Kolosse und gehen schließlich in der Sintflut unter. Blubb – und weg.

AndersArtige Unternehmen verhalten sich genau kontrovers. Wenn alle in die Breite gehen, ragen sie in die Höhe (wie ein Leuchtturm). Sie bieten nicht alles Mögliche für alle an (irgendjemand wird es schon kaufen), sondern konzentrieren sich auf genau definierte Interessengruppen (wir kommen von Zielgruppen zu Interessengruppen, denn nicht mehr die Personen sind entscheidend, sondern die Interessen der Personen). Sie überschwemmen den Markt nicht, sondern sorgen für künstliche Knappheit.

Der Leuchtturm ist weg

Früher, so schien es, war die Welt noch übersichtlich. Es gab die Deutsche Post, die Deutsche Bahn, den einen Energielieferanten. Heute müssen wir über jedes Detail selbst und immer wieder neu entscheiden.

„Die Macht" lag irgendwo „da oben", bei den Regierungen der Staaten und in den Führungsetagen der Konzerne. Dann ist das Internet um die Welt gewuchert und hat alles verändert: Wirtschaftsnachrichten in Echtzeit lassen die Börsenkurse tanzen, Geheimdokumente auf Wikileaks lassen Staaten wanken und Banken stranden. Facebook ist zur Grundlage einer neuen Reformation geworden, die auch religiösen Fundamentalismus zum Einsturz bringen kann, so wie damals die Buchdruckkunst, nur noch viel intensiver. Wir erleben als Zeitzeugen gravierende Veränderungen. Warum sprechen wir dies so selten aus?

Vorreiter waren (für uns) immer die USA: Dort gab es die besten Produkte, die coolste Musik und die superaktuellsten Wirtschaftsstrategien. Und damit soll jetzt Schluss sein? Viele winken derzeit ab, wenn es um Amerika geht. Eine Krise nach der anderen erschüttert diese große Nation mit kurzer Geschichte und gigantischen Leistungen. Die Probleme der Integration und auch der Armut sind in den USA mehr als offensichtlich.

Für die schwedischen Wirtschaftsrebellen Jonas Ridderstrale und Kjell Nordström[3] sind die USA aber immer noch etwas Besonderes, denn diesem Land gelingt es auch heute, die brillanten Köpfe der ganzen Welt anzuziehen. „Amerika" ist nicht nur ein Land, sondern vielmehr eine Idee, der sich die Menschen aller Nationen schneller und besser anschließen können, als dies in anderen Ländern gelingt. Der „Melting-Pot" war und ist eine praktische Antwort auf die Probleme der Integration. Und so ist es möglich, dass hier ein Schwarzer Präsident oder Golf-Legende wird und ein Weißer Super-Basketballer oder Rapper-König. Wir sehen: Die USA haben sich auch in der neuen Welt positioniert! Sie stehen vor großen Herausforderungen, haben aber auch immer noch den Mut und die Energie, sich diesen zu stellen. Aber Amerika wird in Zukunft nicht mehr alleine an der Spitze stehen. China und Indien,

Russland und Brasilien stehen an der Schwelle, wieder (!) viel größeren Einfluss zu erlangen. Es handelt sich um Märkte, die zusammen doppelt so groß sind wie jener der USA und Europa gemeinsam. Wie auch Hermann Simon in seinem Buch „Wirtschaftstrends der Zukunft" ausführt.

Wenn wir den Gebrüdern Wright nach ihrem ersten motorisierten Flug im Jahre 1903 erzählt hätten, dass in gut hundert Jahren ein Flugzeug fliegen wird, dessen Innenraum größer sein wird als der Luftraum, den sie für ihren Flug gebraucht haben, wir wären für verrückt erklärt worden. Was heißt das für uns heute? Dass wir alle nicht die leiseste Ahnung haben, was im Jahr 2100 sein wird. Vielleicht ist die zukünftige Konkurrenz auch positiv für die USA und Europa, denn so wie für Unternehmen ist auch für eine Supermacht ein guter Wettbewerb wichtig (solange dieser friedlich bleibt). Doch die anderen schlafen nicht. Überall entstehen neue Supermächte und alte wandeln ihr Gesicht. Und so lernen wir an dieser Stelle ein gutes altes Wort völlig neu kennen: das „Und". Das Denken in Gegensätzen wird enden müssen, wenn wir in Zukunft erfolgreich sein wollen. Wir müssen Polaritäten zusammen denken, wir müssen größer denken, wir müssen zu

Kapitalisten UND Kommunisten werden, zu
Egoisten UND Altruisten, zu
Singles UND zu einer großen Familie.

Statt uns auf einen Leuchtturm zu konzentrieren, müssen wir nach vielen Leuchttürmen Ausschau halten. Es gilt:

„Amerika über alles" UND
„China über alles" UND
„Russland über alles" UND
„Brasilien über alles" UND
„Indien über alles" UND
„Europa über alles" UND, UND,

und

Überall wird es in den nächsten Jahren zu großen Veränderungen kommen. Dabei wird die Frage nicht lauten, ob wir uns verändern müssen, sondern vielmehr: Werden wir schnell genug sein? Hier wiederum denken wir schwedisch – und trauen den Amerikanern eine Menge zu. Denn sie scheinen bis heute Freiheit, Kreativität und Wandel am besten in Einklang bringen zu können.

Knappheit macht kreativ

Es ist offensichtlich. Nicht das Kapital, sondern kreative Köpfe sind die Quelle des Wohlstands im 21. Jahrhundert. Der Kampf um die besten Köpfe der „kreativen Klasse" hat schon längst begonnen. Dort, wo diese sich wohlfühlen, wird es Wachstum und Wohlstand geben. Warum? Sie sind es, die den Grips mitbringen, um Unternehmen „anders" zu positionieren. „Gleich" kann jeder – „anders" eben nicht.

Kreativität ist knapp. Manchmal aber haben wir nur deshalb neue Ideen, weil wir mit dem Rücken an der Wand stehen. Vor die Wahl gestellt, „ab heute vieles anders zu machen" oder „morgen tot zu sein", entscheiden wir uns doch meistens für das Leben.

Unser Problem ist allerdings nicht nur die Sintflut aus zu vielen Botschaften und zu vielen Angeboten. Die Kehrseite des grenzenlosen Überflusses ist die drastische Konfrontation mit der Endlichkeit unserer Ressourcen. Wir verschwenden Rohstoffe in einem nie gekannten Ausmaß, wir verseuchen Wasser und Luft ohne Rücksicht auf die Folgen. Noch sitzen wir nicht völlig auf dem Trockenen. Etliche Konsumenten und Unternehmen haben verstanden, dass wir umdenken müssen, und haben das Steuer herumgerissen.

„Nachhaltigkeit" ist der neueste Schlachtruf! Jetzt retten wir die Welt und unsere Unternehmen gleich mit, weil das neue Thema wiederum viele neue Möglichkeiten bringt, „anders" zu sein.

Implosion alter Modelle

Das 21. Jahrhundert ist so andersArtig, dass wir etliche unserer schönen, alten Modelle über Bord kippen müssen. (Wir wissen nur noch nicht, welche.) Ein besonders gefährdeter Kandidat ist folgendes:

Das Modell zeigt eindrücklich, wie sich die Konsummärkte seit den 1970er Jahren verändert haben. Der Trend: Das obere Preissegment wurde immer breiter. Marken wie Porsche, Omega oder Apple erreichen immer größere Popularität, obwohl sie so teuer sind. Das untere Preissegment weitete sich ebenfalls aus. Immer weniger Menschen finden es peinlich, Nudeln von Aldi zu essen, aus Tassen von IKEA zu trinken und billige T-Shirts von H&M zu tragen (während sie gleichzeitig Porsche fahren). Schlecht ging es dem mittleren Preissegment: Marken wie Opel liefen nur noch schleppend (bis es zu Innovationen kam), das Warenhaus Karstadt rutschte 2009 in die Insolvenz und liegt nun bei Rettungsinvestor Nicolas Berggruen auf der Intensivstation.

Was ist mit dieser „Mitte“ los? Wir glauben: Das Problem hier ist nicht das Preissegment (das mittlere hat sogar große Chancen), sondern die gähnende Langeweile der Marken, die hier vor sich hin dümpeln. Im mittleren Preissegment herrscht viel zu viel Ähnlichkeit und damit wird die Positionierung schwer. Aber der Markt ändert sich wahrnehmbar.

In Kürze werden wir die Grafik links wohl in den Papierkorb schreddern müssen, weil etwas völlig Neues auftaucht, das sich zweidimensional gar nicht mehr darstellen lässt: Billigmarken greifen nach den Sternen (H&M zum Beispiel holt Designer Karl Lagerfeld ins Boot) und umgekehrt gibt es immer mehr Luxus-Angebote jetzt auch für jedermann. Ob Outlets, Kreuzfahrten, Nobelmarken, oder die stets neueste Mode bei ZARA – alles im mittleren Preissegment.

Besonders deutlich zeigt sich dieser Trend am Geschäft der Airlines. Die Billig-Airline Ryanair zum Beispiel kündigte Anfang 2010 Tariferhöhungen an, um profitabler zu werden. Auf der anderen Seite kupfern etablierte Linien-Fluggesellschaften nun Preisstrategien der Billig-Flieger ab: Sie nutzen das Internet für ausgefeilte und günstige Preise und verlangen zum Beispiel Zusatzgebühren für ein zweites Gepäckstück. „À-la-Carte-Pricing“ heißt das heute schick. „Die beiden Geschäftsmodelle nähern sich zunehmend an. Das gilt vor allem für die Wahrnehmung seitens der Kunden. Auf der Kostenseite unterscheiden sich die Netzwerkanbieter und die Billig-Airlines dagegen nach wie vor sehr stark“, erklärte Nathan Zielke, Leiter des Aviation Competence Centers der Beratungsgesellschaft Arthur D. Little, gegenüber dem Handelsblatt.[4]

Der Kurswechsel ist für die Anbieter beider Seiten ein Spiel mit dem Feuer: Billigflieger büßen ihren Wettbewerbsvorteil gegenüber den großen Linienfliegern ein; bei diesen wiederum gehen die Passagiere auf die Barrikaden, weil sie plötzlich für Services zahlen müssen, die zuvor inklusive waren.

Chancen gehen eben immer einher mit Risiken und nicht alles, was anders ist, ist auch gut!

Sie sehen: Die Airlines stehen mit dem Rücken zur Wand. Sie sind hervorragend positioniert, fliegen aber nicht genug Gewinne ein. Also versuchen sie aufs Neue, „anders“ zu wirtschaften. Kann sein, dass es funktioniert, kann aber auch sein, dass sie sich selbst das Genick brechen, wenn sie vom sicheren und eindeutigen Sockel ihrer Positionierung herabsteigen, anstatt diese Positionierung klug auszubauen.

Was kann sie retten? Am besten wieder etwas mehr Zeit zum Nachdenken, Zeit für gute Strategiearbeit, eindeutige Positionierung, neues und intelligentes Marketing. Vieles von dem, was sie bisher gut machen, noch verbessern, sich auf Stärken konzentrieren oder etwas völlig anderes machen, auf das noch kein Mensch gekommen ist. Sie sehen, das 21. Jahrhundert bleibt spannend. Aber eine andere Idee ist vielen noch nicht gekommen. Wie wäre es denn mit der „Neuen Mitte“, indem es im mittleren Preissegment gelingt, eben nicht wie alle anderen zu sein, sondern vom oberen Preissegment die Emotionen und die Begeisterung zu übernehmen und vom unteren die Einfachheit und Geschwindigkeit?

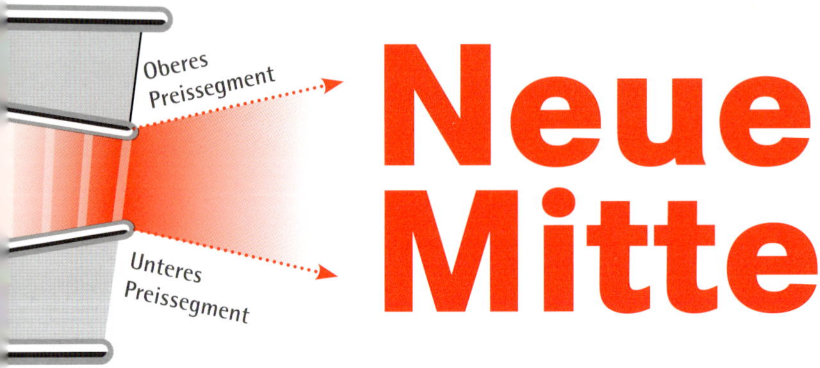

Wo kaufen Sie denn ein? Manchmal auch im mittleren Preissegment? Kennen Sie ZARA? Cool, sexy und preiswert, teurer als H&M, aber weit weg von GUCCI, PRADA und Co. Die Welt wird „und" und nicht mehr „oder". Wir leben in spannenden Zeiten, in denen wieder alles möglich erscheint, so vieles jedoch auch nicht mehr möglich ist. Auch hier das „und" als Lösung.
Wichtig ist uns vor allem, dass Sie Ihre Aufgaben erledigen, nachdenken ... über Strategie, über Preise, über Marketing, über Management und über Führung.

Marketing 3.0 und die neuen Wege der Positionierung

Dies ist ein Buch über Positionierung. Warum sprechen wir dann dauernd über Marketing? Haben auch Sie sich diese Frage gestellt? Hier die Antwort: Positionierung und Marketing hängen ganz eng zusammen. Positionierung ist der erste Schritt, Marketing der zweite. Positionierung braucht Marketing (sonst erfährt kein Mensch etwas über das Produkt) und Marketing braucht Positionierung (sonst wissen die Marketingleute nicht, was sie im Markt verkünden sollen).

Positionierung ist „die Art und Weise, Produkte im Gedächtnis der potenziellen Kunden zu differenzieren".[5]

Dabei geht es nicht in erster Linie darum, wie das Produkt aussieht (das wäre reine Produktdifferenzierung). Vielmehr zielt die Positionierung auf die Wünsche und Phantasien, auf die Träume und Sehnsüchte der Konsumenten, vielleicht auch auf ihren Größenwahn und auf ihren Tick, unbedingt auch selbst etwas Besonderes sein zu wollen (was einer Positionierung der eigenen Person gleichkommt und in unserer Welt, in der alle um die besten Jobs und um sexy Lebensabschnittspartner kämpfen, offenbar immer wichtiger wird).

Marketing und seine Historie

Marketing gehört seit jeher zu den spannendsten Themen der Wirtschaft. Wenn wir die Geschichte des Marketings im 20. Jahrhundert betrachten, so sehen wir zunächst eine praktische Beziehung zwischen Markt und Unternehmen allein auf der Basis von Erfahrungen, bis um 1900 herum langsam eine empirische „Verwissenschaftlichung" einsetzte und ein kreatives Spannungsverhältnis zwischen Theorie und Praxis des Marketings aus den Unternehmen heraus entstand.

Mit dem Übergang zu immer komplexer werdenden Käufermärkten in Zeiten des Massenkonsums kam es zum Aufstieg der Marktforschung und der Marketingmanagement-Lehre. Dieser Prozess war langwierig und dauerte mehr als ein halbes Jahrhundert. Auch wurde die Übertragung des Marketings in andere Bereiche (Politik und Gesellschaft) theoretisch fundiert und umgesetzt. Diese Marketingrevolution der 1970er Jahre wird in vielen Lehrbüchern als eigentlicher Beginn der Marketinggeschichte beschrieben. In dieser Zeit wurde das Thema Marketing auch in Deutschland zum ersten Mal wissenschaftlich durch Heribert Meffert beleuchtet.

Der Begründer der Marketingwissenschaften in Deutschland war wesentlich an der Ausgestaltung und Neuorientierung des Faches Marketing beteiligt und wird daher zurecht als Marketing-Papst bezeichnet. Dabei ging es ihm aber nie „nur“ um die Wissenschaft, sondern insbesondere auch um die Verbindung von Wissenschaft und Praxis, so dass der viel geehrte Marketing-Experte nicht nur als Wissenschaftler, sondern auch als Berater vieler Unternehmen und öffentlicher Einrichtungen sowie als Mitglied von Aufsichtsräten und Beiräten auch heute noch sehr geschätzt wird. Seine vielfältigen Publikation, ganz voran das 1977 erstmalig veröffentlichte Grundwerk zum Thema Marketing, das derzeit in der zehnten Auflage noch immer als DIE Marketing-Bibel [6] gilt, zeigen die Entwicklungen des Marketings innerhalb der letzten 30 Jahre in ihrer vollen Bandbreite auf.

Marketing 1.0

In den 1950er Jahren, in denen Neil Borden den Begriff des „Marketing-Mix“ prägte, stand der Produktionssektor im Mittelpunkt der US-Wirtschaft. Daher konzentrierten sich die Marketing-Konzepte auf das Produktmanagement, mit der zentralen Aufgabe, Nachfrage für Produkte zu generieren. McCarthys „vier P“ in den sechziger Jahren brachte die Aufgaben des Marketings im Rahmen des Produktmanagements in der damaligen Zeit auf den Punkt:

- ein Produkt entwickeln,
- seinen Preis bestimmen,
- es promoten
- und für die richtige Platzierung (Distribution) sorgen.[7]

In Zeiten wirtschaftlichen Aufschwungs musste das Marketing darüber hinaus nicht viel mehr leisten.

Mitte der 1960er Jahre stagnierten die zunehmend gesättigten Märkte. Die Haltung der Konsumenten änderte sich: Themen wie Umweltverträglichkeit und Sparsamkeit wurden angesichts der Energiekrise 1973 und der in der „Stagflation“ rasant steigenden Fahrzeughaltungskosten zentral.

Die deutschen Automobilbauer, als rückständige, produktionsorientierte Marketingmuffel gebrandmarkt, griffen unter dem Druck der Absatzkrise das Angebot der Marketing-Management-Theorie auf. In längerfristigen Strategien wurden Produktpalette und Kundenkommunikation ausgeweitet, Sportlichkeit und Individualität traten als Prinzip der Produktpolitik zumindest tendenziell hinter Attributen der Sparsamkeit, Sicherheit und Kompaktheit zurück. Dies war bereits der Beginn der Emotionalisierung von Produkten und Dienstleistungen. Marken wurden viel intensiver mit Gefühlen verbunden und nicht mehr nur mit rationalen Argumenten.

Marketing 2.0

Um die Nachfrage anzukurbeln, vollzogen die Unternehmen einen drastischen Wechsel ihrer Perspektive. Sie stellten nicht mehr ihre Produkte (also sich selbst) in den Mittelpunkt ihrer Marketingaktivitäten, sondern den Kunden. (Damit verließen sie sozusagen das egomane, auf das Ich zentrierte Kleinkind-Alter.) Sie ergänzten das Produktmanagement um die Disziplin des Kundenmanagements und entwickelten Strategien wie Segmentierung, Targeting und Positionierung (STP). Je mehr sich das Marketing auf den Kunden statt auf das Produkt konzentrierte, umso mehr entwickelte sich seine Ausrichtung von einer taktischen hin zu einer strategischen.

Anfang der 1990er Jahre stand das Marketing dann vor dem Hintergrund der Internet-Revolution (der Computer wurde massenfähig, das Internet schuf Transparenz, ermöglichte zwischenmenschliche Interaktionen und vernetzte die Menschen) vor einer erneuten Herausforderung, die *Brand Eins* in einem Artikel mit dem Titel „Marketing-Apokalypse“ wie folgt auf den Punkt brachte:

„Während der vergangenen zehn Jahre war das Marketing von Katzenjammer geprägt: unzweckmäßige Zielgruppen; Werbung, die nicht wahrgenommen wird; Pyrrhus-Siege im symbolischen Guerillakrieg zwischen Herstellern und Kunden. Während die einen versuchen, ihre Produkte und Marken mit beliebigen Bedeutungen aufzuladen, deuten die anderen ebenjene Produkte und Marken in quasi beliebiger Weise für sich um. In einer Art Prä-Millenniums-Syndrom wurde im Lauf der neunziger Jahre mit zunehmender Schärfe der ‚Abschied vom Marketing' (Trendforscher Gerd Gerken), ‚The End of Marketing as We Know It' (Sergio Zyman, früherer Marketingchef von Coca-Cola), ein ‚Rethinking Marketing' oder eine ‚Wiedererfindung der Werbung' für nötig befunden."[8]

Was geschah dann? Das Marketing entdeckte hinter Produkten und Kunden ein mächtiges Bindeglied: die menschlichen Emotionen.[9]

Das Vertrauen ist hin

Das Jahr 2000 kam mit großem Trara, das neue Millenium brach an, brachte aber nichts Tolles – im Gegenteil. Der 11. September 2001 führte eher zu einem verlorenen Jahrzehnt für die Welt, Krisen und Krieg, Instabilität und Unsicherheit. Die Finanzkrise gab uns am Ende dieses Jahrzehnts einen deftigen Dämpfer. Ein Forschungsbericht von McKinsey & Company führt für die Zeit nach der Finanzkrise 2007 bis 2009 zehn Trends im Unternehmenssektor auf.[10] Ein maßgeblicher Trend: Die Unternehmen haben das Vertrauen der Kunden verspielt. Auch der Chicago Booth/Kellogg School Financial Trust Index belegt, dass die Amerikaner Unternehmen heute nur noch geringes Vertrauen entgegenbringen. Umgekehrt misstrauen die Finanzinstitute ihren Verbrauchern und räumen ihnen immer weniger Kredite ein.

Und wem vertrauen Kunden heute überhaupt noch?
Klare Antwort: sich selbst.
Das heißt: sich gegenseitig.

Oder, komplizierter: Vertrauen besteht heute eher in horizontalen als in vertikalen Beziehungen. Verbraucher glauben sich untereinander mehr als den Unternehmen. Die Verlagerung des Verbraucher-Vertrauens von Unternehmen auf andere Kunden zeigt sich im Boom der sozialen Medien wie Facebook, Twitter, Blogs und Flickr.

Nach dem Nielsen Global Survey verlassen sich immer weniger Verbraucher auf die Werbung von Unternehmen.[11] Konsumenten betrachten Mund-zu-Mund-Propaganda zunehmend als eine glaubwürdige und verlässliche Form der Werbung. Etwa 90 Prozent der befragten Konsumenten schenken den Empfehlungen von Bekannten Glauben. 70 Prozent halten die von Kunden in das Internet gestellten Meinungen für zuverlässig. Die Forschungsergebnisse von Trendstream/Lightsspeed Research zeigen sogar, dass Verbraucher Fremden in ihren sozialen Netzwerken mehr vertrauen als Experten.[12]

Gut so! Unternehmen sollten diese Forschungsergebnisse als Warnsignal verstehen. Sie haben das Vertrauen der Verbraucher verloren und sollten dieses so schnell wie möglich zurückgewinnen.

Doch wer ist eigentlich schuld an der Misere? Das Marketing? Das stimmt nur halb. Denn das Marketing ist zwar das Sprachrohr des Unternehmens, aber es ist nicht das Unternehmen selbst. Und hier liegt des Pudels Kern (oder sollten wir lieber sagen: Infarkt?). Es hakt nicht an der Glaubwürdigkeit der Werbung, sondern an der Glaubwürdigkeit der Unternehmen insgesamt. Es fehlen die ethischen Grundfesten. Das klingt jetzt nach Sonntagspredigt, tatsächlich ist es aber so. Wenn ein Unternehmen sich nicht um seine Ethik kümmert, wenn es also unanständig wirtschaftet, raffgierig ist, sich auf kurzfristigen Gewinn fokussiert, soziale Standards über Bord kippt, eine schlechtere Qualität für mehr Kohle in Kauf nimmt und gleichzeitig versucht, seine Kunden mit übertriebenen Versprechungen zu manipulieren – dann fällt das irgendwann auf und geht nach hinten los. Der Kunde ist ja nicht blöd.

Wenn der Vertrieb eines Unternehmens so weit verkommen ist, dass er nur noch Kunden vertreibt, verwundert es nicht, dass Verbraucher anderen Verbrauchern mehr Vertrauen schenken als den Produzenten. Sie klicken das teuer gekaufte Marketing einfach weg und übernehmen es kurzerhand selbst.

Pulverisierte Preise

Der Wettbewerb über den Preis wird immer härter. Klar, wenn alle Produkte ähnlich sind, wenn jede Firma jedes Produkt innerhalb kürzester Zeit nachbauen kann und wenn Kunden die günstigsten Angebote eines Produkts im Internet sehen, sobald sie den Barcode mit ihrem iPhone scannen. Produktion in Billiglohnländern pulverisiert die Preise zusätzlich. Blicken Sie doch nur auf ein Produkt in Ihrer Reichweite – die IKEA-Tasse „made in Turkey", das iPhone „assembled in China"...

Viele Dienstleister gehen heute auch völlig andere Wege, um ihre Branche mit Tiefstpreisen zu zerlöchern: Überall machen Cut-and-go-Friseure auf, bei denen Sie keinen Small-Talk mehr führen brauchen und sich auch noch selbst föhnen dürfen. Und wenn Sie eine Sprache lernen oder Ihre Kinder in den Nachhilfeunterricht schicken wollen, brauchen Sie sich gar nicht mehr die Schuhe zu binden – das gibt es jetzt alles für billig im Internet. Beispiel Tutorvista.com: Für 99,99 Dollar pro Monat bekommen die Kids unbegrenzt Nachhilfe im Internet. Ein Lehrer in den USA würde für das Geld nur wenige Stunden unterrichten. Hier sind aber auch echte Lehrer am Bildschirm und sicher keine schlechteren. Allerdings arbeiten sie nach ihrem regulären Unterricht in Indien, sozusagen in der Abendschicht, hungrig nach Wohlstand, fleißig und engagiert.

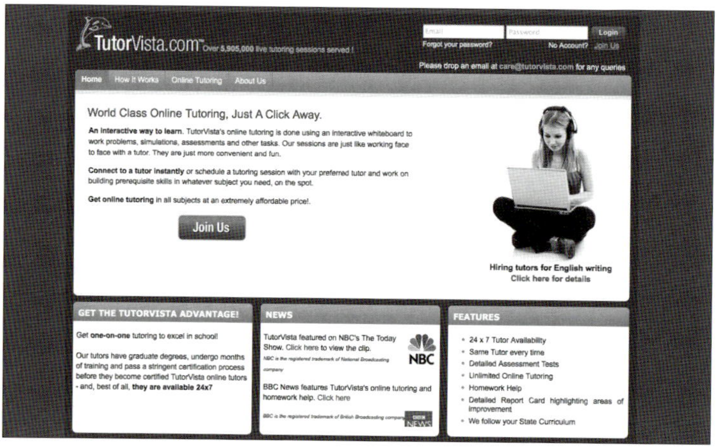

Quelle: Tutorvista.com

Was lernen wir nun daraus? Unternehmen brauchen eine neue Positionierung und eine neue Form der Kommunikation. Marketing wird sich verändern und eine ganz neue, ganzheitliche Dimension ausfüllen müssen. Und das wird nur gelingen auf Basis einer intelligenten Positionierung und eines neuen Marketings.

Wenn Sie sich schlecht positionieren und schlecht kommunizieren, spielen Sie morgen nicht mehr mit. So einfach ist das.

Alles wird anders: Marketing 3.0

Viele Konzepte des „klassischen“ Marketings haben sich tausendfach bewährt und wir wären froh, wenn viele Unternehmen erst einmal diese nutzen würden. Es wird auch immer Raum sein für eine gute Darstellung und die attraktive Vermarktung eines Produkts. Wie wir im Vorwort bereits erwähnt haben, macht auch der Gemüsehändler an der Ecke gute Geschäfte und wird dies bei entsprechendem Service und Freundlichkeit auch in Zukunft tun.

Ebenso wie die Betrachtung des Nutzens für den Kunden immer ein zentraler Baustein in der Strategie eines Unternehmens und für die Ausrichtung des Marketings sein muss und auch bleiben wird.

Nichts von Marketing 1.0 bis 3.0 ist besser oder schlechter. Wenn Philip Kotler, Professor für Internationales Marketing an der Kellogg School of Management der Northwestern University in Chicago, oder ebenso Heribert Meffert, von einer neuen Dimension des Marketings spricht – oder wir hier von „AndersArtigkeit“ –, so wird durch die Wortwahl schon deutlich, dass es um sinnvolle Ergänzungen geht, um zusätzliche Betrachtungen, darum, auf etwas zu achten, worauf bisher zu wenig geachtet wurde.

Die viel beschworene Revolution ist bei genauerem Hinsehen stets eine Weiterentwicklung des Bestehenden gewesen.

Wenn wir vom „neuen“ Marketing (in Anlehnung an Kotler und Meffert besser von Marketing 3.0) sprechen, so möchten wir in diesem Sinne auf die folgenden Themen besonderen Augenmerk richten:

	Marketing 1.0/2.0	Marketing 3.0
Motiv	Produkte verkaufen, Kunden einen Nutzen vermitteln	Werte vermitteln
Kunden	Verbraucher → Nutzer	Interessent → Verehrer und Fans
Angebot	Definiert sich über Produkt- und Kundennutzen	Definiert sich über Sympathie, gelebte Werte, Sinn und Sinne
Marketing-Konzept	PUSH • Produkt • USP, Nutzen	PULL • Begeisterung • Wertegemeinschaft

Motiv: Kam früher zuerst der Verkauf des Produkts und dann die Vermittlung des Nutzens, so steht im „neuen“ Marketing die Vermittlung von Werten im Vordergrund. All das sind Beweggründe (im Sinne des lateinischen „movere“). Motive, die den Kauf entscheiden, haben heute viel mehr mit Kreativität, Service, Innovation und ganz einfach Vertrauen zu tun. Alles Motive, die den Menschen und seine Werte in den Mittelpunkt stellen.

Kunden: Wurden im „alten“ Marketing die Kunden Verbraucher genannt, so werden sie heute wertschätzend als „Interessenten“ bezeichnet, oder viel besser noch, wie es das Handelsblatt für Apple postulierte: „Apple hat keine Kunden, Apple hat Verehrer.“[13]

Heute werden aus Kunden Verehrer!

Angebot: Während sich „früher“ das Angebot dem Kunden über den Nutzen des Produkts erklärte, so definiert es sich heute über Sympathie, über gelebte Werte, über den Sinn und die Sinne. Ist mir ein Unternehmen sympathisch? Sind mir die darin handelnden Menschen sympathisch? Sind mir die Produkte sympathisch? Wenn auf diese Fragen ein herzliches „Ja“ kommt, so darf das Angebot auch etwas teurer sein und wird dennoch gekauft.

Marketing-Konzept: Im „alten“ Marketing stand mit der Kommunikation der USP, der Nutzen des Produkts, die PUSH-Strategie im Vordergrund. Wir „drückten“ Produkte und Dienstleistungen in den Markt. Auch heute wird das noch an vielen Stellen praktiziert. Der Aufwand, um damit erfolgreich zu sein, wird aber immer größer und daher auch der Druck. Diese Spirale geht in die falsche Richtung. Heute stehen Begeisterung und Wertegemeinschaften, im Sinn eines PULL, einer Sogwirkung, im Zentrum. Der Markt kann immer schlechter von Produkten oder Dienstleistungen „penetriert“ oder entdeckt werden. Ganz im Gegenteil: Heute penetriert der Markt Produkte und entdeckt Dienstleistungen, wo vorher noch keine waren. Wenn es früher darum ging, die richtigen Antworten zu geben, so ist es heute wichtig, die richtigen Fragen zu stellen.

Im 21. Jahrhundert gestalten die Kunden das Marketing selbst. Das Push-Marketing, die Vermarktung von Produkten und Dienstleistungen mit dem Fokus der Selbstdarstellung („Wir bieten Ihnen“) wird immer aufwendiger und damit auch immer wirkungsloser. Die Zeiten für Marktschreier und Drückerkolonnen sind sehr hart geworden.

„Kauft! Kauft! Kauft!“
Das wollen die Kunden nicht mehr hören.

„Verkaufen! Verkaufen! Verkaufen!“
Das wollen die Mitarbeiter nicht mehr hören.

Das „Placement“ verändert sich. Konsumenten verändern sich. Märkte verändern sich. Das Push-Marketing wird zunehmend ersetzt werden durch das Pull-Marketing, den Aufbau von Beziehungen und Netzwerken mit dem Fokus auf den sich verändernden Bedürfnissen der Kunden. Verbraucher werden über Rückmeldungen, die sie den einzelnen Unternehmen zu den Produkten und Dienstleistungen geben, mit in die Angebotserstellung einbezogen. Kunden werben neue Kunden, wenn sie von einer Leistung überzeugt sind. Begeisterung führt zur Weiterempfehlung. Es gilt:

Begeisterte Kunden sind die besten Verkäufer.

Die Kommunikation des Marketings verändert sich. Marketing erzählt nicht mehr von den Vorteilen, gibt keine Antworten mehr und wartet nicht darauf, dass der Kunde zuhört. Marketing hört zu, stellt die richtigen Fragen und bindet den Kunden aktiv ein in einen Dialog. Wir kommen im Marketing vom Informations-Push zum Informations-Pull und damit zu sehr viel mehr Interaktion mit dem Kunden. Diese Interaktion wurde durch das Web 2.0 ermöglicht, durch neue Technologien entstand Interaktion über Blogs, Podcasts, RSS, Wikis, Tags, Vertical Search und kollaboratives Filtern oder Rich Internet Applications für das Kundenmanagement des Marketing 3.0.

Altes Marketing
erzählt und antwortet.

Neues Marketing
hört zu und fragt.

Das Marketing des 21. Jahrhunderts steht also schon wieder vor neuen Herausforderungen. So verwundert es nicht, dass ein Experte wie Philip Kotler von „der neuen Dimension des Marketings“[14] spricht, Christian Belz von „Marketing gegen den Strom“[15] und selbst Heribert Meffert eine völlige Umwälzung des Marketings unter dem Einfluss von Social Media und Brand Communities sieht.

„Das klassische Marketing stößt
im digitalen Zeitalter an seine Grenzen.“
Heribert Meffert

Marketing-Trends

Für die internationale Studie „Marketing 2010“ (Unica, München) wurden 200 Online- und Direkt-Marketing-Experten aus den USA, Kanada sowie zwölf europäischen Ländern zu ihren Plänen für das laufende Jahr und die aktuellen Herausforderungen befragt. Hier die Ergebnisse:

47 % **Social-Media-Marketing** ist der Top-Trend, den Marketingverantwortliche für das laufende Jahr sehen: 47 Prozent der Unternehmen integrieren bereits Twitter, Facebook oder Blogs in ihre Marketing-Strategie.

92 % 92 Prozent der Unternehmen wollen **E-Mail-Marketing-Kampagnen** durchführen.

36 % 36 Prozent setzten bereits mindestens eine mobile Marketingkomponente (wie z.B. Apps, SMS) ein.

40 % 40 Prozent wollen erstmals mobile Marketingelemente in ihren Kommunikations-Mix integrieren. Neben SMS werden mobile E-Mails, mobile Websites und mobile Applikationen verstärkt eingesetzt.

75 % **Inbound-Marketing** wird wichtiger. Fast drei Viertel der Befragten nutzen die Initiative des Kunden, um individualisierte Angebote zu gestalten.

67 % Der Einsatz von **IT-Lösungen zur Optimierung von Marketingprozessen** ist für die Marketing-Experten besonders wichtig. 67 Prozent wünschen sich mehr Unterstützung durch die IT, besonders bezüglich des Kundenbeziehungs-Managements.

Key Facts aus dem Vortrag von Heribert Meffert zum Thema „Von Marketing 1.0 zu Marketing 3.0 – Status quo und Perspektiven der marktorientierten Unternehmensführung“

am 31. August 2010 in Hamburg, zusammengestellt von Silvia Danne

In seinen jüngsten Vorträgen hat der deutsche Vordenker des Marketings, Heribert Meffert, die Entwicklung des Marketings seit den 1950er Jahren anschaulich auf den Punkt gebracht: Das Marketing der ersten Stunde konzentrierte sich auf das Unternehmen selbst, um sich in den 1960er Jahren dem Verbraucher zuzuwenden. Marketing 1.0 können wir als produktorientiertes Transaktionsmarketing beschreiben. In seiner zweiten Phase entdeckte das Marketing den Handel (1970er Jahre), dann den Wettbewerb (1980er Jahre) und schließlich das Thema Umwelt (1990er Jahre): Marketing 2.0 verstehen wir deshalb als kundenorientiertes Relationship-Marketing. Mit dem Internet-Boom entdeckte das Marketing die Netzwerke und die Werte (2000er Jahre): Marketing 3.0 präsentiert sich uns damit als wertorientiertes Netzwerk-Marketing.

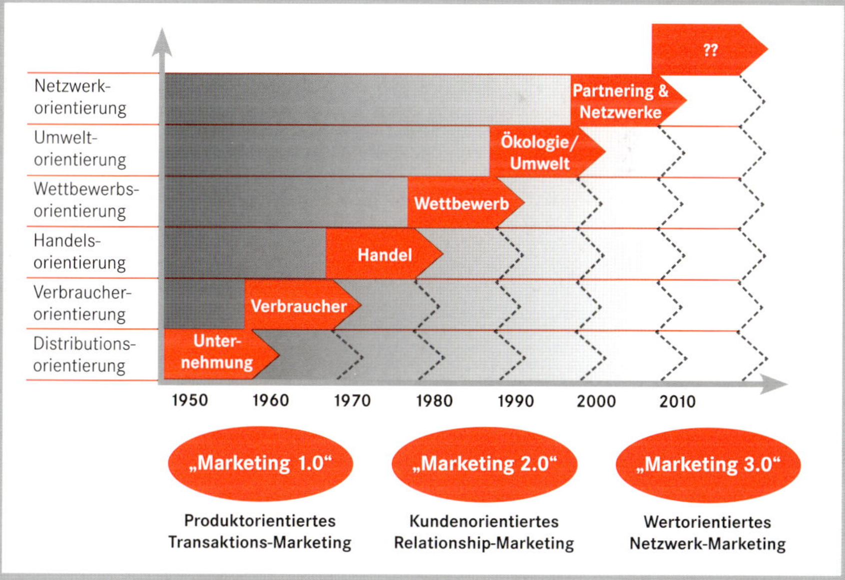

Entwicklung der Marketing-Perspektiven

Damit einher geht eine tief greifende Änderung der Kommunikation: Sprach das produktorientierte Marketing 1.0 von einem Sender (dem Unternehmen) zu vielen Empfängern (den Kunden), so bemühte sich Marketing 2.0 um die gezielte Ansprache individueller, einzelner Kunden und richtete auch die ersten Rückkanäle ein. Im Moment erleben wir einen weiteren Wandel: Im Marketing 3.0 kommunizieren vernetzte Unternehmen mit vernetzten Kunden – es ist ein reger Austausch entstanden, dem sich kein Unternehmen mehr entziehen kann. Ähnlich wie Wissen im Web 2.0 durch Anbieter und Anwender entsteht, wird nun das Marketing 3.0 durch Unternehmen und Kunden gleichermaßen gestaltet.

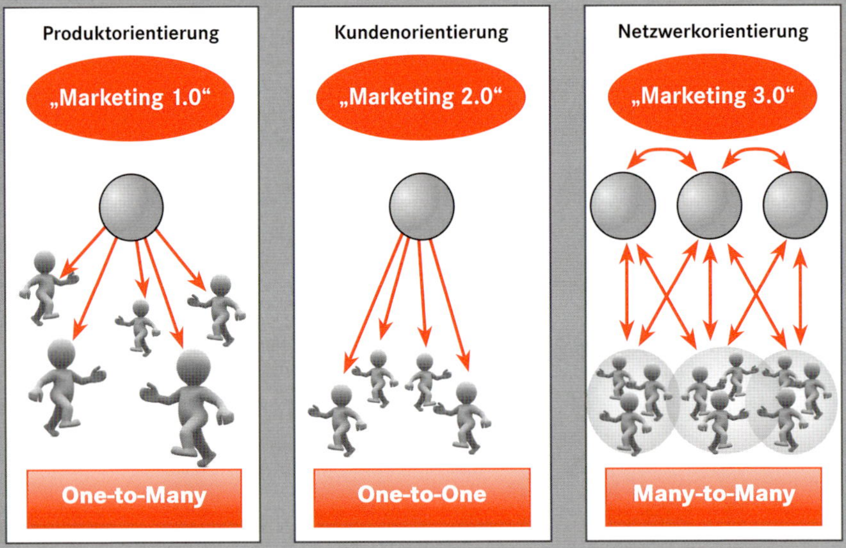

Entwicklung der Marketing-Kommunikation

Das klassische Transaktions-Marketing (1.0) hat damit nicht seine Existenzberechtigung verloren: Es existiert weiter als zentrales Instrument des Marketings, muss aber heute ergänzt werden durch ein Relationship-Marketing mit Fokus auf den Kunden (2.0) und zusätzlich durch ein werteorientiertes Netzwerk-Marketing (3.0), das die Vernetzungen der Kunden berücksichtigt und zu nutzen versteht.

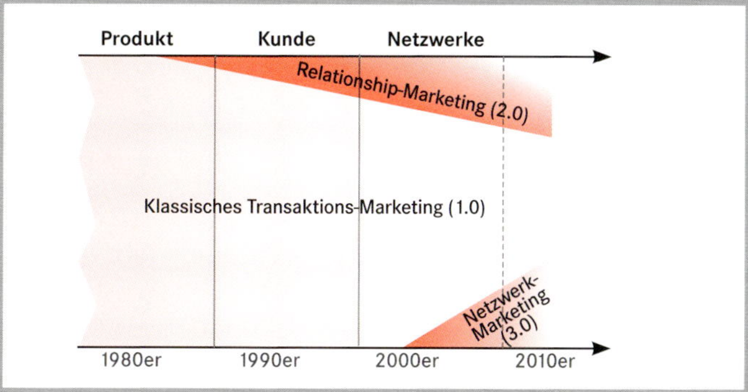

Vom Marketing 1.0 zum Marketing 3.0

Marketing am Scheideweg: Vom Vertrieb zur Strategie

Der wesentliche Wandel von Marketing 2.0 zu Marketing 3.0 besteht darin, dass nicht mehr hauptsächlich der Vertrieb im Fokus steht. Es geht nicht mehr darum, mit bestimmten Produkten oder Leistungen möglichst kurzfristig um den Kunden und gegen den Wettbewerb zu kämpfen. Vielmehr muss der Fokus darauf liegen, sowohl Kunden als auch Mitarbeiter langfristig vom Wert der eigenen Produkte und Dienstleistungen zu überzeugen.

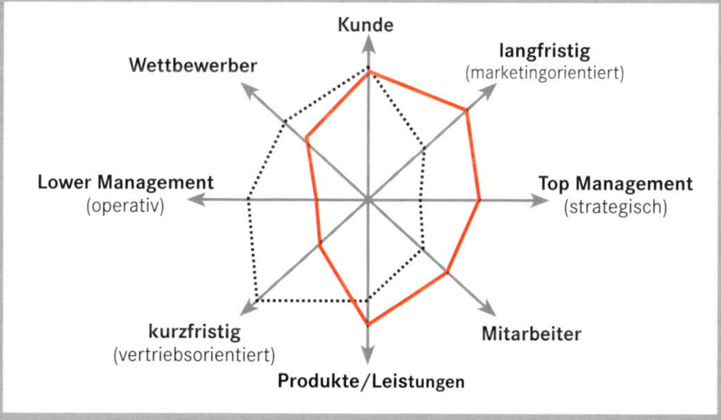

Von der Vertriebsorientierung (schwarz schraffierte Linie) zur Strategieorientierung (rote Linie)

Damit verlagert sich zugleich der Ort des Marketings: Nach Lehrmeinung von Prof. Meffert war Marketing noch nie nur Sache der Mitarbeiter an der Basis, sondern schon immer Aufgabe des Top-Managements.

10 Thesen für das Marketing des 21. Jahrhunderts

Marketing lebt von Impulsen, Ideen und Kreativität. Marketing polarisiert – und das wollen wir jetzt auch. Denn jetzt halten wir es wie Martin Luther und nageln Thesen an die Tür. Mit unserem Thesenanschlag wollen wir Ihnen einige Anregungen geben, über Ihr Marketing nachzudenken. Wir wollen Gedanken „vor"-denken, damit Sie darüber „nach"-denken können. Sie müssen ja nicht mit allem einverstanden sein. Und Sie dürfen sich ruhig wundern. Denn es geht uns überhaupt nicht nur um bestimmte Marketing-Techniken.

Wenn wir Unternehmen – sowohl kleine als auch große – beraten, fällt uns immer wieder auf, dass die Probleme nicht auf der technischen Ebene liegen, sondern ganz woanders:

Etliche Unternehmer unterschätzen oder überschätzen das, was Marketing kann (manche wissen es auch überhaupt nicht).

Die meisten Unternehmen, bei denen das Marketing nicht funktioniert, leiden an einer Art „Geisteskrankheit" (pardon, aber das müssen wir so drastisch sagen). Wenn der Geist, in dem sie mit ihren Kunden kommunizieren, kein guter Geist ist, dann wenden sich die Kunden ab.

Wie oft erlebt man, dass ein Unternehmen es ganz einfach nicht gut und ehrlich mit seinen Kunden meint, dass der schnelle Profit wichtiger ist als eine langfristige Kundenbeziehung. Denken Sie immer daran:

Sie können auch begeisterte Kunden verärgern!

Dazu haben wir jüngst ein Beispiel erlebt: Ich (Cay) bin (war) Fan einer bestimmten Autovermietung und habe das Marketing dieser Firma in vielen Vorträgen aufs Höchste gelobt. Und so ist es nur konsequent, dass wir Anfang 2011 auf dem Weg zu einem Kunden wieder in einem Auto dieser Firma sitzen. Aber dieses Mal sehr schlecht gelaunt: „Ich bin stets bereit, einen fairen Preis zu bezahlen, aber das geht nun zu weit!“, schimpfe ich. Als Person, die sich leidenschaftlich mit Marketing beschäftigt, erlebt Silvie einen ganz besonderen Moment: Aus einem begeisterten Kunden, der authentischer Marken-Botschafter ist, wird ein ärgerlicher Kunde, der sich umgehend in einen Anti-Marken-Botschafter verwandelt hat. Was ist passiert?

Wenn Sie häufig mit Mietwagen unterwegs sind, haben Sie wohl schon sämtliche Preisstrategien erlebt. Einerseits wird der Markt mit Kampfpreisen erobert, andererseits zahlen Sie horrende Preise, wenn Sie das letzte Auto vom Parkplatz fahren wollen. Das alles kennen wir auch von der Suche nach einem Hotelbett zur Messezeit – das ist nichts Besonderes, Angebot und Nachfrage eben. Nun aber sollte unser kleiner Mietwagen 70,72 Euro kosten.

Plus

- Standortzuschlag (wo, wenn nicht an einem Flughafen brauche ich ein Auto?) – 22 Euro
- Versicherung mit Selbstbeteiligung – 19 Euro
- Zusätzliche Versicherung ohne Selbstbeteiligung – 10 Euro
- Insassenversicherung – 6 Euro
- wintertaugliche Bereifung (es ist Januar!) – 16 Euro

Macht in Summe noch einmal 73 Euro.

Auch das ist „À-la-Carte-Pricing". Klingt sehr vornehm, macht aber auf uns einen absolut lächerlichen Eindruck. Nicht jedes Essen à-la-Carte schmeckt auch. Wie schlecht muss es diesem Unternehmen gehen, wenn es sich in einen solchen Erbsenzähler verwandelt? Und, zack, ist es für uns vom Sockel gefallen. Die Positionierung ist zerstört. Peng, kaputt. Da gehen wir nicht mehr hin. So schnell geht das.

Sicher kennen auch Sie noch mehr Beispiele, die in diese Richtung gehen. Zum Beispiel Hotels, die zehn oder mehr Euro für die WiFi-Nutzung verlangen. Hallo? Wach werden! Mal was von Flatrates gehört!? Umsätze mit derartigen „Dienstleistungen" stinken – jedenfalls den Kunden. Selbst McDonald's hat es besser verstanden. Hier gibt es zwar nicht das gesündeste Essen, aber immerhin kostenloses WiFi. Bei Starbucks ist der Kaffee teuer, aber immerhin schmeckt er gut, und außerdem ist dem Kaffee-Dealer die Erkenntnis ziemlich früh gekommen, dass Zugang zu „fließend Internet" heute mindestens so wichtig ist wie „fließend Wasser", „fließend Strom" oder eben „fließend Kaffee". (Übrigens machen wir uns bei Erbsenzähler-Hotels immer einen Spaß daraus, beim Check-out darum zu bitten, doch auch Strom und Wasser separat bezahlen zu dürfen.)

Viel zu viele Unternehmen sind nicht kreativ genug, den eigentlichen Mehrwert ihrer Produkte herauszustellen. Und viel zu viele fangen an, kleine und große Beträge von ihren Kunden einzutreiben – und finden das auch noch schick („À-la-Carte-Pricing" – was für ein Unwort!).

Nein, wir wollen uns jetzt nicht weiter ärgern. Holen wir lieber den Hammer raus und schlagen die zehn Thesen an, die – so meinen wir – für das Marketing im 21. Jahrhundert wichtig werden.

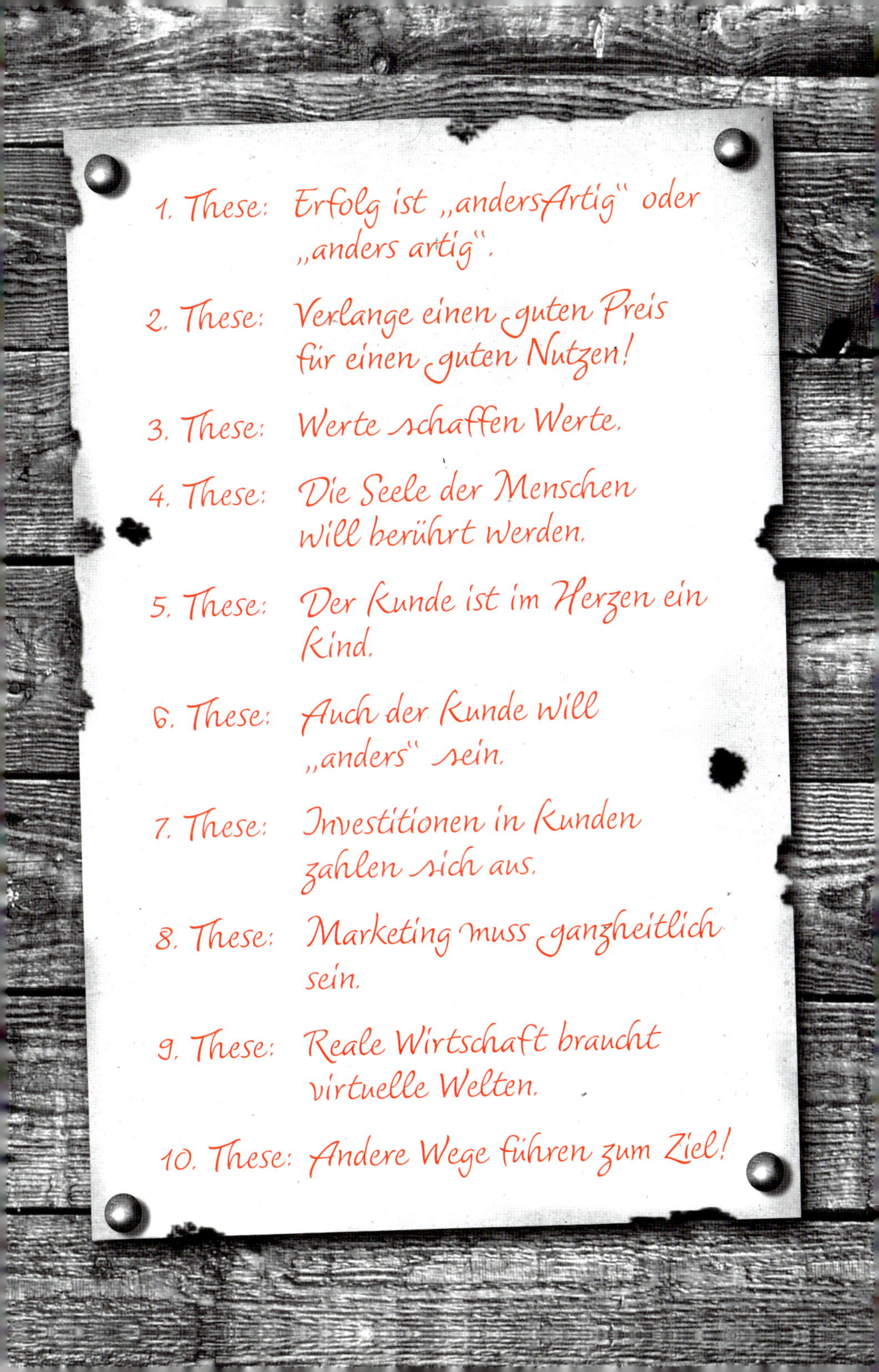
1. These: Erfolg ist „andersArtig" oder „anders artig".
2. These: Verlange einen guten Preis für einen guten Nutzen!
3. These: Werte schaffen Werte.
4. These: Die Seele der Menschen will berührt werden.
5. These: Der Kunde ist im Herzen ein Kind.
6. These: Auch der Kunde will „anders" sein.
7. These: Investitionen in Kunden zahlen sich aus.
8. These: Marketing muss ganzheitlich sein.
9. These: Reale Wirtschaft braucht virtuelle Welten.
10. These: Andere Wege führen zum Ziel!

1. These: Erfolg ist „andersArtig“ oder „anders artig“.

Im 21. Jahrhundert haben jene Unternehmen Erfolg, die sich vollkommen eindeutig positioniert haben. Entweder als „anders“ oder als „anders artig“. „Anders“ zum Beispiel ist Bionade: Eine Limonade („Limo ist ungesund!“), die zugleich „bio“ ist („Bio ist gesund!“) und diese beiden Attribute zu einem hippen Marketing-Konzept verknüpft hat. Aber auch hier werden Kunden stutzig, wenn dennoch Zucker zugesetzt wird. Wie „bio“ ist denn das? Wie wäre es dann mit „bios“, einem nachhaltigen (und noch hidden) Star am Getränkehimmel – echt bio!

„Anders artig“ sind die Schuhe von Birkenstock: Traditionell („artig“) waren sie das weltweit peinlichste Erkennungsmerkmal uneleganter deutscher Urlauber, nun („anders“) haben Designer Pailletten draufgeklebt, woraufhin US-amerikanische Stars die Fußbettlatschen nun offenbar auch in Szene-Bars in Szene setzen.

„Innovation happens when making new connections“, zitiert das *manager magazin* die Innovationsforscherin Bettina von Stamm.[16] Neues entsteht, wenn völlig unterschiedliche Ideen und Menschen zusammenkommen und es „klick!“ macht. Wenn Unternehmen „anderes“ hervorbringen wollen, müssen sie also ihren Vernetzungsgrad erhöhen, und zwar nach innen und nach außen. Entsteht dann etwas „anderes“, brauchen sie noch eine gute Portion Umsetzungsmut.

„Anders zu sein setzt oftmals eine Portion Risikofreudigkeit und Mut voraus.“[17]

Heribert Meffert

„*Guts*“ heißt das Buch, das Chrysler-Präsident Robert A. Lutz 2003 publiziert hat (ein Buch, dessen Titel auf Deutsch so viel heißt wie „Mut“ oder „Mumm“ und garniert ist mit dem bescheidenen Untertitel *„8 Laws from One oft the Most Innovative Business Leaders of Our Time“)*. Ein besonders schönes Kapitel in diesem Buch lautet: „Wenn jeder andere es tut, tue es nicht.“

Genau das ist es. Für Sie heißt das: Seien Sie nicht wie andere, sondern positionieren Sie Ihr Unternehmen und Ihre Produkte glasklar: Seien Sie „anders“ im Sinne von innovativ oder seien Sie auf eine besondere Art und Weise traditionell – seien Sie auf jeden Fall so sehr Sie selbst, dass Sie nicht aus Versehen mit jemand anderem verwechselt werden können!

Hinter dieser Art der AndersArtigkeit steht keine besondere Technik, sondern eine Mischung aus Intelligenz und Selbstbewusstsein. Es ist eine besondere Haltung, zu der auch eine gewisse Ignoranz gegenüber notorischen Nörglern, Besserwissern und zwanghaften Nachbarn gehört.

AndersArtigkeit ist kein Zustand,
sondern eine Einstellung.

2. These: Verlange einen guten Preis für einen guten Nutzen!

Jede Leistung hat auch ihren Preis. Dieser sollte fair und gut sein, denn nur so können Unternehmen langfristig wachsen und gedeihen – und nur so können sie langfristig Kunden begeistern.

Wir sind der festen Überzeugung, dass gut positionierte Unternehmen, die eine konstant hervorragende Qualität liefern, sich völlig gelassen aus dem Preiskampf heraushalten können. Es ist nicht so, dass die Kunden dann davonlaufen. Und wenn sie es doch tun (und vielleicht zu einem billigen Hersteller aus China oder Usbekistan wechseln), dann kommen sie nach kurzer Zeit auf Knien angekrochen und möchten doch lieber wieder das bessere und zuverlässigere Produkt kaufen, als sich mit Reklamationen, Übersetzern, Transportschäden und Zollerklärungen herumzuschlagen.

Wer billig kauft, zahlt oft drauf. Das brachte der Sozialphilosoph John Ruskin übrigens schon im 18. Jahrhundert (!) auf den Punkt: „*Es gibt kaum etwas auf dieser Welt, das nicht irgend jemand ein wenig schlechter machen und etwas billiger verkaufen könnte, und die Menschen, die sich nur am Preis orientieren, werden die gerechte Beute solcher Machenschaften. Es ist unklug, zu viel zu bezahlen, aber es ist noch schlechter, zu wenig zu bezahlen. Wenn Sie zu viel bezahlen, verlieren Sie etwas Geld. Das ist alles. Wenn Sie dagegen zu wenig bezahlen, verlieren Sie manchmal alles, da der gekaufte Gegenstand die ihm zugedachte Aufgabe nicht erfüllen kann. Das Gesetz der Wirtschaft verbietet es, für wenig Geld viel Wert zu erhalten. Nehmen Sie das niedrigste Angebot an, müssen Sie für das Risiko, das Sie eingehen, etwas hinzurechnen. Und wenn Sie das tun, dann haben Sie auch genug Geld, um für etwas Besseres zu bezahlen.*“

In seinem sehr bemerkenswerten (und auch andersArtigen, weil innerhalb weniger Wochen entstandenen) Buch „*33 Sofortmaßnahmen gegen die Krise*“[18] zitiert Hermann Simon den *Fortune*-Kolumnisten Geoff Colvin[19] sinngemäß mit den Worten: „*Eine der wichtigsten Entscheidungen in der Rezession betrifft die Preisgestaltung. Während eines Booms muss man nicht unbedingt den optimalen Preis treffen. Nun muss man es.*“

Wir glauben, dies gilt heute nicht mehr nur in der Krise, sondern zu jeder Zeit für jedes Unternehmen. Ein viel zitiertes Beispiel ist Porsche, ein Unternehmen, das in guten wie auch in schwierigen Zeiten für eine stabile Preispolitik stand und steht. Der sehr erfolgreiche ehemalige Vorstandsvorsitzende Wendelin Wiedeking bekräftigte: „Denn eines ist für uns klar: Wir werden die Märkte nicht mit Fahrzeugen vollpumpen, für die keine Nachfrage besteht. Wir produzieren immer ein Auto weniger, als der Markt verlangt."[20]

Unsere Empfehlung: Machen Sie einen guten und fairen Preis – und diskutieren Sie nach Möglichkeit nicht darüber. Diskutieren Sie über andere Dinge: Sprechen Sie in Ruhe über alle Einwände des Kunden (aber nicht über den Preis). Sprechen Sie über die besonderen Bedürfnisse des Kunden (aber nicht über den Preis). Stellen Sie den Nutzen des Produkts in den Mittelpunkt der Verhandlungen (und nicht den Preis). Und belohnen Sie treue Kunden mit zusätzlichen Leistungen (aber nicht mit Rabatten).

Nicht umsonst gilt das Lufthansa „Miles & More"-Programm als eines der erfolgreichsten Programme der Kundenbindung. Menschen, die viel reisen, haben ganz andere Bedürfnisse als Menschen, die mit der Familie einmal im Jahr eine Pauschalflugreise antreten. Vielflieger bekommen deswegen nicht automatisch einen günstigeren Preis. Dieser richtet sich nach der Auslastung der jeweiligen Flüge und ist bei rechtzeitiger Buchung für alle gleich teuer oder gleich günstig. Wer aber häufig fliegt, bekommt dafür eine andere Währung zurück – bei Lufthansa sind dies Meilen, die wiederum gegen Flugreisen oder Anderes eingelöst werden können. So entsteht ein „Naturalrabatt", der durchaus dazu führen kann, dass Kunden dieser Fluglinie treu bleiben.

Der Nutzen für den Kunden kommt zuerst, ein guter Preis gleich danach.

3. These: Werte schaffen Werte.

Werte haben in der Vergangenheit oft ein Schattendasein geführt. In den Unternehmen fand man es manchmal ganz nett, von ihnen zu sprechen, und sie waren bei so mancher Konferenz der schöne Weichspüler zwischen all den harten Themen. Sie schienen nicht in unsere Ökonomie zu passen, erst recht nicht in Branchen, in denen vor allem Effizienz zählt.

Die Zeiten haben sich jedoch geändert:

Heute werden weiche Werte zu immer härteren Faktoren und die harten Fakten von früher werden immer weicher.

Werte sind der Antrieb jeder funktionierenden Organisation. Unternehmen auf der Basis von Werten zu entwickeln bedeutet, den Anforderungen des Marktes im Sinne der Organisation gerecht zu werden und den Mitarbeitern zu helfen, sich dem Unternehmen zugehörig zu fühlen und nicht nur als ein austauschbares Zahnrad in einem Getriebe. Werte verbinden, sie haben eine prägende Kraft, die als übergeordnetes Element lenkt und Sinn stiftet.

Sie können das Engagement und die kreativen Ideen Ihrer wichtigsten Ressource, Ihrer Mitarbeiter, bei aller Veränderung dauerhaft sichern: In Ihrem Unternehmen muss ein gelebtes Wertesystem entstehen, das möglichst von allen geteilt wird. Mitarbeitern ein auf klaren Werten beruhendes Umfeld zu bieten, wirkt sich positiv aus: Innovationen gedeihen besser, Partnerschaften mit Kunden lassen sich viel einfacher pflegen. Denn Werte wie Vertrauen, Verlässlichkeit, Engagement und Nachhaltigkeit motivieren nicht nur Mitarbeiter, sondern binden auch die Kunden emotional an das eigene Unternehmen.

Heute mehr als noch im vergangenen Jahrhundert sind unter dem Eindruck von Wirtschaftskrisen und Lebensmittelskandalen immer mehr Kunden bereit, größere Summen auszugeben, wenn Unternehmen für Werte wie Nachhaltigkeit, soziales Engagement, fairen Handel und Gesundheit („bio“) stehen.[21] Gehen Sie doch einmal zu Aldi und dann zu Alnatura und vergleichen Sie die Preise (falls Sie das nicht ohnehin regelmäßig tun). Sie zahlen im Bio-Supermarkt zum Teil drei bis vier Mal so viel wie im Discounter. Das, was im Lebensmittelhandel möglich ist, gelingt auch in anderen Branchen. Schreiben Sie sich also Werte auf Ihre Fahnen, leben Sie danach und schaffen Sie Werte.

In einer Welt der unbegrenzten Möglichkeiten

geben Werte Orientierung.

4. These: Die Seele der Menschen will berührt werden.

Fakten erreichen den Geist, Bilder schaffen Emotionen – aber Geschichten berühren die Seele der Menschen. Daher ist das sogenannte „Storytelling" nicht nur im Umgang mit Menschen in jeder Situation so wichtig, sondern auch im Marketing.

Rolf Jensen, Direktor des Copenhagen Institute for Future Studies, hat darauf in seinem Buch *„The Dream Society"* bereits 2001 eindrucksvoll hingewiesen. Schon vor zehn Jahren sah Jensen das Ende einer Gesellschaft, die von Technologien und Informationen getrieben wird, und die Entstehung einer neuen, von Geschichten getriebenen Gesellschaft der Imaginationen, der Phantasien und Emotionen.

Für die Positionierung heißt das: Es geht nicht mehr darum, Produkte und Dienstleistungen klar voneinander abzugrenzen, sondern die damit verbundenen Geschichten. Jensen unterscheidet insgesamt sechs Märkte:

- den Markt für maßgeschneiderte Abenteuer,
- den Markt für Zusammengehörigkeit, Freundschaft und Liebe,
- den Markt der Fürsorglichkeit,
- den Wer-bin-ich-Markt,
- den Markt für geistige Entspannung und
- den Markt für Werte und Überzeugungen.

Viele Unternehmen haben große Erfolge mit ihren Geschichten eingefahren. Besonders bekannt ist natürlich die Story von Freiheit und Abenteuer, die Marlboro erzählt hat.

In jüngerer Zeit extrem erfolgreich ist die Geschichte, die rund um ein völlig normales, kleines Notizbuch gesponnen wurde: *„Moleskine® ist das Erbe des legendären Notizbuchs von Künstlern und Denkern der vergangenen zwei Jahrhunderte, von Vincent van Gogh über Ernest Hemingway bis zu Bruce Chatwin."*

So beginnt die Geschichte des Moleskine-Notizbuchs, die jedem Büchlein beiliegt, das mit leerem Papier für sehr viel Geld verkauft wird. Diese Geschichte des sympathischen Artikels wird ausführlich in Wikipedia erzählt, wobei Begriffe und Wendungen fallen wie „handgefertigt“, „Kreativ-Werkzeug für avantgardistische Künstler“, „literarisches und kulturelles Erbe“ und „Familienunternehmen“ – eine interessante und sehr aktuelle Variante des Marketings. Übrigens: Moleskine-Notizbücher werden heute in über 14.000 Geschäften in 53 Ländern vertrieben, zumeist über Design- oder Buchläden.

Marketing-Guru Jack Trout findet, dass noch besser als eine ganze Geschichte eine einzige „mächtige, differenzierende Idee“ ist: „Diese plötzliche Ahnung, dieser kreative Sprung im Gedächtnis, bei dem auf der Stelle klar wird, wie ein Problem auf einfache Art und Weise gelöst werden kann, ist etwas völlig anderes als grundlegende Intelligenz“, so Trout.[22]

Wahrscheinlich kennen auch Sie die Produkte, die in einem einzigen Wort implodieren:

- Volvo: Sicherheit
- Geox: atmet
- BMW: Fahrfreude
- Darbo: naturrein

Großartig, nicht wahr? Für welche Idee steht eigentlich Ihr Produkt? Haben Sie eine Idee?

Manchmal entstehen die Geschichten, die die Seele der Menschen berühren und sie an die Produkte fesseln, ganz ohne Beteiligung der Marketing-Abteilung. Dazu ein Beispiel, das Silvie ganz und gar nicht gefällt. Es hat mit Autos zu tun. Silvie mag Autos, das ist nicht der Punkt. Bei vielen Marken haben wir sogar eine ähnliche Sympathie – bis auf eine Ausnahme, in der Silvie zu ihrem Leidwesen jetzt ab und zu fahren muss.

Die Geschichte begann vor vielen Jahren, als ich ein Autohaus beraten habe, das mit Autos einer kernsoliden deutschen Marke handelt – VW. Dieser Marke fühle ich mich verbunden, weil damit meine Studentenzeit, mein erster VW-Bus und viele schöne Jugenderinnerungen verknüpft sind. Dann kam der mir sehr lieb gewordene VW-Händler, der es gut mit mir meinte und mir eines Tages das Flaggschiff von VW verkaufte, meinen ersten „Phaeton". Nun kann man über dieses Auto sagen, was man will (ganz sicher ist es ein Beispiel für misslungenes Marketing und misslungene Positionierung), aber es war das mit Abstand beste Auto, das ich jemals gefahren habe und das mir mehr als einmal mein Leben gerettet hat. Diese Marke gilt unter Fachleuten nicht als emotional besetzt, aber für mich ist sie das. Sie gilt als nicht besonders positioniert, aber für mich schon. Ich finde den Phaeton schön und sogar wenn ich damals mitleidig belächelt wurde, dass dies doch nur ein großer Passat sei, so empfand ich das als die höchste Auszeichnung gelebten Understatements.

Mittlerweile fahre ich meinen zweiten Phaeton. Seitdem nennt Silvie mich „Spießer" und ich rechne fest damit, bald meinen ersten Hut geschenkt zu bekommen. Aber das ist mir gleich. Ich freue mich über dieses Auto, ich mag es – sogar sehr.

Dabei hätten sich die Marketing-Experten bei VW schon einmal die Herkunft des Namens ansehen können. Er kommt aus der griechischen Mythologie. Phaeton war der Sohn des Sonnengottes Helios. Er lenkte dessen Wagen gegen den Rat des Vaters. Der Wagen geriet außer Kontrolle, verbrannte die Erde und Phaeton kam um. Nun ja. Nicht jedes Storytelling wird automatisch zu einer Erfolgsgeschichte. Oder die „Erfolgsgeschichte" ist genau deshalb so, wie sie ist. Vielleicht dürfen wir ja eines Tages bei der neuen Positionierung des „Phaeton" mitwirken, wir hätten hier sehr gute Ideen ... gerade für coole „Spießer", die gar keine sind.

Geschichten vermitteln Sympathie und berühren so die Seele der Menschen.

5. These: Der Kunde ist im Herzen ein Kind.

Der Kunde des 21. Jahrhunderts will mehr als Geschichten, die über „seine" Produkte erzählt werden und in denen er sich selbst sowie seine Seele wiederfindet. Im Grunde seines Herzens ist der Kunde wie ein Kind, das hofft, vielleicht doch morgen unverhofft Geburtstag zu haben und eine ganz tolle Überraschung zu bekommen. Irgendwo tief in ihm drin gibt es noch immer eine Welt voller Wunder, Magie und Zauberei. Unternehmen, die das verstanden haben, können sich genau damit differenzieren (auch wenn sie selbst das niemals so formulieren würden). Statt guter Feen und Zauberer haben sie Service-Mitarbeiter angestellt, die immer wieder für nette „Wow“-Effekte[23] sorgen. Sie wissen:

Faszination ist die Kunst der positiven Überraschung.

Versetzen Sie sich in die Rolle des Kunden: Stellen Sie sich vor, Sie kaufen ein Auto und finden im Handschuhfach überraschend eine Packung süßer „Park-Plätzchen“ (gebacken von www.logolini.com). Sie haben zwar schon als Kind gelernt, dass Sie von fremden Onkeln keine Süßigkeiten annehmen sollen – aber: hey! Kekse! Das werden Sie nie vergessen und ganz bestimmt weitererzählen.

Quelle: www.logolini.com

Oder: Sie sitzen mit Freunden beim Japaner und genießen „Front Cooking“. Plötzlich lässt der japanische Koch eine riesige Stichflamme auf Ihrer sündhaft leckeren Nachspeise hochgehen. Hey! Feuer! Wow! Noch mal! Auch das werden Sie erzählen.

Es ist immer das gleiche Prinzip: Das Unternehmen weiß auf wundersame Weise, wann Sie Geburtstag haben, welchen Wein Sie am liebsten trinken, wann Ihr Auto wieder zum Check kommen oder Ihr Klavier gestimmt werden muss. Es schickt Blumen und Gutscheine, Bonus-Meilen und Einladungen zu Events mit Feuerwerk und Pipapo. Sie freuen sich und übernehmen freiwillig die Rolle des Marken-Botschafters. Eigentlich ganz einfach.

Marktschreier vertreiben Kunden,

Magier ziehen sie an.

6. These: Auch der Kunde will „anders“ sein.

Jene Unternehmen werden im 21. Jahrhundert zu den erfolgreichsten gehören, denen es gelingt, sehr viele Kunden sehr individuell anzusprechen. Dazu gehört tatsächlich die Ansprache mit vollständigem Namen (zum Beispiel an der Supermarkt-Kasse), dazu gehören personalisierte Grußkarten, Werbesendungen und E-Mails, immer wichtiger werden tatsächlich aber Produkte, die nur für einen einzigen Kunden maßgeschneidert werden.

Dank Internet funktioniert das heute sogar in der Masse: So können sich Kunden zum Beispiel ihr ganz persönliches Müsli mixen lassen (www.mymuesli.com), sie können sich Schuhe mit individuellen Motiven nähen lassen (www.zazzle.de) oder Taschen (www.berlinbag.com) oder T-Shirts (www.spreadshirt.de) oder sie lassen sich Fahrräder bauen (www.patria.net). (Wenn Sie Spaß an weiteren Beispielen haben, geben Sie in Google einfach das gesuchte Produkt und das Stichwort „individuell" ein – es ist kaum zu glauben, was es alles gibt ...). Ach ja, die strickenden Großmütter aus Frankreich hatten wir ja schon erwähnt (www.goldenhook.fr). Schön ist hier, dass sich Kunden nicht nur Mütze und Schal aussuchen, sondern auch die Oma wählen können, die dann die Stricknadeln schwingen wird. Interessant ist, dass nicht nur strickende Kleinstvereine individualisierte Produkte anbieten können, sondern dass es auch Riesenfirmen wie Amazon schaffen, ihren Kunden das Gefühl zu geben, alte Bekannte zu sein. Amazon ist technisch in der Lage, aus den Spuren seiner User Profile und Präferenzen herauszulesen und diese in personalisierte Empfehlungen zu verwandeln. („Hey! Amazon weiß, was mich interessieren könnte! Das ist ja unglaublich. Die kennen mich ja besser als ich mich selbst ...!").

Relativ neu ist die Methode des Retargeting: Um Streuverluste im Display-Werbemarkt zu minimieren, werden immer öfter Kunden gezielt angesprochen, die bereits einen Online-Shop besucht, dort jedoch nicht eingekauft haben. Das kann automatisch via E-Mail geschehen – die Ansprache kann aber auch persönlich erfolgen. Dazu ein Beispiel: Eine Kundin möchte eine Lampe online bestellen. Sie hat bereits alle Formulare ausgefüllt, kann sich aber dann nicht entscheiden, ob sie per Vorkasse bezahlen möchte oder per Nachnahme (beides nervt). Sie bricht den Bestellvorgang ab. Es ist 21 Uhr. Da klingelt das Telefon. Der Geschäftsführer des Online-Einrichtungshauses ruft an, entschuldigt sich für die späte Störung und fragt, ob es technische Probleme mit dem Formular gab – und ob er gegebenenfalls behilflich sein kann. Es entwickelt sich ein sehr nettes Gespräch. Schließlich bestellt die Kundin drei Lampen zu einem Sonderpreis (www.einrichtenonline.com).

Eine zunehmend wichtige Rolle in der individuellen Kundenansprache spielt das Mobile Marketing: Hier versuchen die Unternehmen, den Kunden sozusagen auf Schritt und Tritt zu begleiten, um ihm maßgeschneiderte Angebote direkt in seine tragbaren Kommunikationsgeräte zu senden. Je mehr Menschen mit Smartphones und Tablets durch die Gegend laufen (oder wie auch immer diese Geräte heißen mögen – ihre Namen ändern sich rasend schnell), desto wichtiger wird dieser Marketing-Kanal werden. Was witzig ist: Die Kunden wissen im Grunde alle, dass sie nur deshalb mit ganz persönlichen Angeboten angesprochen werden, weil die Unternehmen ihr Bedürfnis nach AndersArtigkeit befriedigen und damit letztendlich selbst Umsätze machen wollen. Macht aber gar nichts. Sie freuen sich trotzdem. Anderssein ist eben viel wert und das lassen sich die Kunden einiges kosten.

In der Masse sehnt sich der Mensch
nach Individualität.

7. These: Investitionen in Kunden zahlen sich aus.

Machen Sie Ihre Kunden schlau! Geben Sie Kompetenz weiter! Wir sind überzeugt davon, dass sich jede Investition in Ihre Kunden auszahlt. Ob das Kochkurse eines Restaurants sind oder Backtage einer Bäckerei, der Uhrmacherkurs eines edlen Uhrenanbieters oder eine technische Einführung in die Wunderwelt der Technik Ihres Fahrzeugs oder ein Fahrsicherheitstraining durch Ihr Autohaus – es gibt so viele Beispiele. Alle haben damit zu tun, Kunden über die Kompetenz des Unternehmens zu informieren.

Diese Investition hat große Vorteile: Der Kunde kennt sich besser aus und das erleichtert ihm die Kaufentscheidung. Warum? Er kann den potenziellen Risiken, die für ihn mit einer Kaufentscheidung verbunden sind, mit einem Mehr an Wissen viel gelassener begegnen. Insbesondere geht es dabei um folgende fünf Risiken:

1. Das finanzielle Risiko: Verliere ich Geld?
2. Das funktionale Risiko: Geht das Produkt schnell kaputt?
3. Das physische Risiko: Tut das weh?
4. Das soziale Risiko: Lacht mich jemand aus?
5. Das psychologische Risiko: Kann ich das verantworten?

Dazu ein Beispiel: Das Fachgeschäft Butscher Akustik (www.butscher-akustik.de) hat ein eigenes Unternehmensbuch herausgegeben. Titel: „Hören ist Genuss". Das hochwertige Buch überreicht Butscher allen Kunden, die an besserem Hören interessiert sind. Mit diesem Buch überrascht das Fachgeschäft und bindet potenzielle Kunden. Zusätzlich informiert es über verschiedene Hörgeräte-Typen und räumt sehr humorvoll mit Vorurteilen gegenüber Schwerhörigkeit und Hörgeräten auf.

Laut Geschäftsführer Benjamin Butscher ist die Bereitschaft der Kunden, sich eingehend beraten zu lassen und sich für hochwertige Produkte zu entscheiden, durch das Buch deutlich gestiegen.

Marketing ist keine neue Wissenschaft,

aber Marketing schafft neues Wissen.

8. These: Marketing muss ganzheitlich sein.

Marketing ist kein einzelnes „Tool“, das man wie einen Schraubendreher irgendwo ansetzen kann, und schon fluppt die Sache. Nicht alles ist emotional und nicht immer geht es um den Preis. Nicht das Erzählen von Geschichten wird Sie automatisch erfolgreich machen, ebenso wenig, wie Kreativität immer gute Ideen hervorbringt. Marketing findet auch nicht nur in der Marketing-Abteilung statt.

Im 21. Jahrhundert muss Marketing in seiner Ganzheitlichkeit wahrgenommen und ausgespielt werden – sonst funktioniert es nicht. Denken Sie groß, blicken Sie weit:

Sehen Sie Ihr gesamtes Unternehmen als Sprachrohr des Marketings:
- alle Abteilungen,
- alle Mitarbeiter,
- die Familie, die Freunde und Bekannten Ihrer Mitarbeiter,
- auch sich selbst,
- Ihr eigenes Netzwerk,
- vor allem aber Ihre Kunden,
- und deren reale und virtuelle Netzwerke.

Nehmen Sie die verschiedenen Kommunikationskanäle in ihrer Unterschiedlichkeit wahr. Ihr Marketing klingt durch jeden Kanal anders, weil der Kanal die Botschaft beeinflusst: „The Medium is the Message“ – das beschrieb der kanadische Medientheoretiker Marshall McLuhan schon in den 1960er Jahren. Bleiben Sie cool, wenn alle mit „Cross Media“, „Social Media“, „Universal Search“, „Performance Marketing“ oder anderen brandaktuellen Begriffen um sich werfen, und behalten Sie immer die Zusammenhänge im Auge.

Lassen Sie nicht zu, dass Ihre Marketing-Abteilung abhebt und, schlimmer noch, über den eigenen Größenwahn stolpert. Es ist nicht selten vorgekommen, dass der Marketingchef eines Unternehmens sich für wichtiger gehalten hat als den Geschäftsführer. Da sind wir altmodisch: Die Geschäfte werden in letzter Konsequenz vom Chef geführt, weil dieser, und nur dieser die Verantwortung für das große Ganze trägt.

Geschäftsführer sind gut beraten, ihr gesamtes Unternehmen auf eine stabile Wertebasis zu stellen. Dann können sie (gemeinsam mit ihren Marketingleuten) noch so abgedrehte Ideen verfolgen – wenn sie den grundlegenden Werten treu bleiben, werden sie sich das Genick nicht brechen.

Erfolgreiche Wege sind immer ganzheitliche Wege. Viele Faktoren spielen zusammen.

9. These: Reale Wirtschaft braucht virtuelle Welten.

Das Internet ist besonders bei der jüngeren Generation bereits das Leitmedium schlechthin. Die jungen Leute hängen abends nicht mehr vor der Glotze, sondern klicken sich durch Facebook und Millionen von Blogs.

Für die Werber bedeutet das ein völliges Umdenken. Anzeigen müssen ins Internet umziehen und überall aufblinken, wo sich die angepeilte Zielgruppe gerade tummelt – aber das kennen Sie ja längst.

Besonders findige Werber schmuggeln sich auf Plattformen wie Facebook oder YouTube ein, um hier die junge Zielgruppe abzuschöpfen. In jüngster Zeit hat die Telekom auf YouTube für Furore gesorgt: mit einem gruselig zuckenden Alienfilm, der letztendlich auf die Seite www.wissen-veraendert-alles.de aufmerksam macht, die sich wiederum als eine aalglatt durchgestaltete Telekom-Werbeseite entpuppt. Sie lädt junge Leute zu einer „Schnitzeljagd" ein: „Wenn wir euer Interesse geweckt haben, dann spielt euch bis zum Ende durch, denn dort wartet die ganz reale Chance auf eine Ausbildung oder ein duales Studium." Na toll. Der Rattenfänger von Hameln würde heute wohl auch nicht mehr mit der Flöte durch die Stadt laufen, sondern eher auf YouTube pfeifen ...

Es geht aber nicht nur um Anzeigen. Unternehmen jeder Größe und Freiberufler können sich auf gemeinsamen Plattformen zusammenschließen und gemeinsam in Szene setzen. Ein gutes Beispiel dafür ist www.legalimage.de: eine Werbeplattform für Anwälte, die sich hier mit Kurzprofilen – gekoppelt mit Magazin-Artikeln – präsentieren. Klingt unspektakulär, ist aber in Anwaltskreisen sehr „andersArtig“ und hat bei Beteiligten offenbar zu Geschäftserfolg geführt.

Nächstes Thema: Das Internet hat eine völlig neue Form des Qualitätsmanagements hervorgebracht, das auf knallharter sozialer Kontrolle fußt. Plattformen wie Twitter oder diverse Blogs müssen ständig beobachtet werden, weil Kunden sich hier über schlechten Service beklagen (gehen Sie mal auf www.twitter.com und tippen Sie „Servicewüste“ ein. Sie werden viel zu lachen haben ... falls Sie nicht Ihr eigenes Unternehmen hier finden.)

Erfahrungen mit Hotels fließen in ein Bewertungssystem (Sterne) von HRS – Hotel Reservation Service – ein. Bei Amazon werden die Bücher von den Kunden beurteilt und die Plattform ebay sichert die Qualität, indem Käufer und Verkäufer sich permanent gegenseitig bewerten. Schlechte Bewertungen führen auch gleich zu Rückfragen, denn der Betreffende weiß, dass dies negative Konsequenzen für eine Kaufentscheidung haben kann.

Besonders abgrundtiefe Service-Katastrophen verwandeln sich im Internet blitzschnell zu „Lach- und Sachgeschichten", die von einem Tag auf den anderen rund um die Welt wandern. (Zum Beispiel diese: www.snopes.com/business/info/badhotel/frame.htm). Wenn Ihnen als Unternehmer so etwas passiert, können Sie Ihren Laden bald dicht machen (es sei denn, Sie profitieren noch von einer Art Katastrophen-Tourismus).

Das Internet verändert aber nicht nur Werbeformen und das Qualitätsmanagement, sondern auch das Geschäft an sich. Die Spieleindustrie zum Beispiel lässt ihre Gamer im Internet kostenlos spielen (schließlich braucht es ja eine Menge Spieler, damit das Spielen überhaupt funktioniert und Spaß macht). Wer aber für die virtuellen Figuren bessere Waffen oder coolere Klamotten haben möchte, der zahlt. Gut für die Unternehmen: Einnahmen fließen kontinuierlich über „Micropayments", der Vertrieb läuft ohne Zwischenhändler ausschließlich über das Internet – die Einnahmen gelangen also in voller Höhe in die Kasse des Herstellers.

Nun sind Gamer ohnehin sehr internetaffin. Traditionelle Warenhäuser waren es bisher nicht übermäßig. Doch jetzt prescht Kaufhof vor: Im Dezember 2010 verkündete der Handelskonzern, das Onlinegeschäft künftig eng mit dem Filialverkauf zu verzahnen. „Wir werden galeria-kaufhof.de im kommenden Jahr deutlich erweitern und dann online wie in der Filiale ein breites Angebot bieten", sagte Kaufhof-Chef Lovro Mandac[24]. „Und wir werden beide Vertriebswege verbinden im Sinne eines echten Multichannel-Retailing." Kunden sollen zum Beispiel ihre Ware in der Filiale abholen können (und dann dort gleich munter weiter shoppen), statt bei der Post Schlange zu stehen. Gleichzeitig will Kaufhof in der virtuellen Welt natürlich auch solche Kunden erreichen, die in der realen Welt keinen Fuß in ein Warenhaus setzen würden.

Die virtuelle Welt wird real.
Die reale Welt wird virtuell.

10. These: Andere Wege führen zum Ziel!

Sie kennen die buddhistische Weisheit: „Der Weg ist das Ziel." Daraus folgt logisch: „Andere Wege sind andere Ziele." Wenn Sie also einen Erfolg auf einem Gebiet einfahren wollen, das noch kein anderer abgegrast hat, dann müssen Sie querfeldein fahren. (Oder machen Sie es wie Christoph Kolumbus. Sie wissen schon: einfach mal in die andere Richtung segeln). Oft finden Sie neue Wege, wenn Sie zwei völlig unterschiedliche Vehikel koppeln.

Zum Beispiel Bier und Musik. So hat es die Brauerei „Stralsunder" erstmals 1997 gemacht. Mittlerweile ist das Stralsunder Brauerei-Hoffest ein fester Teil der Open-Air-Szene in Mecklenburg-Vorpommern geworden. Hier treten die Größen der deutschen Musikbranche auf (Nena, Die Fantastischen Vier, Die Toten Hosen, Udo Lindenberg, Die Ärzte – nur um einen Eindruck zu geben). Das Fest zieht jedes Jahr 15.000 Besucher an.

Andere Kombi: Liebe und Lebensmittel. Ein REWE-Markt in Berlin hat Singles eingeladen zum Event „Flirten mit Geschmack". Im Hof der Kulturbrauerei in Prenzlauer Berg konnten sich Liebeshungrige dekorativ an einer Cocktailbar drapieren, an Flirt-Seminaren teilnehmen oder ein Dreigangmenü verspeisen (aber nur, wenn sie sich getraut hatten, jemanden anzusprechen). Gutscheine gab es im REWE-Markt (wo man dann, wo man schon mal da war, auch gleich wieder einkaufen konnte…).

Und, weil es so schön ist, hier noch eine Kombi: Cola-Automat und Werkzeug. Mit dieser Kombination hat Jörg Schubert, Chef von Kromi, seine Branche revolutioniert. Seine Idee: ein Automat, der per Knopfdruck Zerspanungswerkzeuge ausspuckt – Bohrer, Fräser und Sägen 24 Stunden am Tag. Zerspanungswerkzeuge können nur einmal benutzt werden und müssen nach durchschnittlich 25 Minuten erneuert werden. Deshalb bringt eine automatische Werkzeugbeschaffung Einsparungen von über 25 Prozent.

Quelle: www.kromi.de

Mit seiner Automaten-Idee war Schubert 1994 als geschäftsführender Gesellschafter beim Hamburger Unternehmen Krollmann & Mittelstädt eingestiegen (aus dessen Anfangsbuchstaben „Kromi“ entstand). Nach drei Jahren Arbeit gab es den ersten Prototypen, im Jahr 2000 ging der erste Automat in Betrieb. Die ersten Jahre waren steinig, doch jetzt läuft der Laden rund. Mittlerweile ist das Unternehmen börsennotiert und versorgt über 60 Kunden mit Zerspanungswerkzeugen aus 350 Automaten. Seit 2006 ist Jörg Schubert Vorstandsvorsitzender der Kromi Logistik AG und mit knapp 25 Prozent auch ihr größter Aktionär.

Wissen ist endlich.
Kreativität ist unendlich.

Gestern anders, heute normal – und morgen?

AndersArtigkeit unterliegt ebenso einem Lebenszyklus wie Produkte und Unternehmen. So wie ein Produkt kann auch ein Beispiel der AndersArtigkeit einen Markt völlig verändern und mit den Jahren selbst zum Standard werden, also völlig „artig“.

Der Lebenszyklus der AndersArtigkeit

Der iPod, das iPhone und der iPad sind dabei, den Handy- und Hardwaremarkt zu verändern. Apple hat gezeigt, wie wichtig dem Kunden ein schönes Design ist und wie viel Emotionalität ein technisches Produkt verträgt.

Doch der Wettbewerb schläft nicht und schon tauchen die Nachahmer auf[25]: „Samsung Galaxy S2 schneller als iPhone 5 auf dem Markt“. Es wundert sicher nicht, dass dieses Handy ein noch eleganteres Design bekommen hat als das iPhone 4 (wobei sich über Geschmack immer streiten lässt). Garmin[26], ein Hersteller von Navigationsgeräten, kommt übrigens auch mit Produkten auf den Markt, die dem iPhone 4 sehr ähnlich sehen.

AndersArtigkeit hat heute eine sehr kurze Halbwertszeit. Ideen können leicht kopiert werden. Was gestern noch „cool“, „in“ oder „lässig“ war, ist heute schon wieder Standard. Gestern „andersArtig“, heute „artig“. Wenn wir schon beim Thema Navigation sind: So war es vor wenigen Jahren toll, ein eingebautes Navigationssystem im Auto zu haben. Dessen Preis war hoch, aber das wurde, auch bedingt durch die Innovation, von den Kunden gerne akzeptiert.

Mobile Navigationssysteme leisten heute wesentlich mehr als die eingebauten, sie sind aktueller, schöner, schneller und besser zu bedienen. Dennoch haben die großen Autobauer nicht verstanden, dass man für eine CD mit aktuellen Daten nicht mehr Geld verlangen sollte, als ein gesamtes Navigationssystem kostet. Aber vielleicht lautet ja die Strategie dieser Unternehmen auch: Wir müssen unsere Kunden nur so schnell über den Tisch ziehen, dass sie die Reibungswärme als Nestwärme empfinden. Vielleicht geht das ja noch eine gewisse Zeit gut, aber wir haben hier unsere Zweifel.

Verkaufen Sie Ihre Kunden nicht für dumm!

AndersArtigkeit hat einen Lebenszyklus, der sich von Produkt zu Produkt, von Marke zu Marke und von Branche zu Branche stark unterscheiden kann. Achten Sie stets darauf, an welchem Punkt im Zeitverlauf Sie stehen. Vielleicht ist es wieder an der Zeit, eine neue AndersArtigkeit zu entdecken.

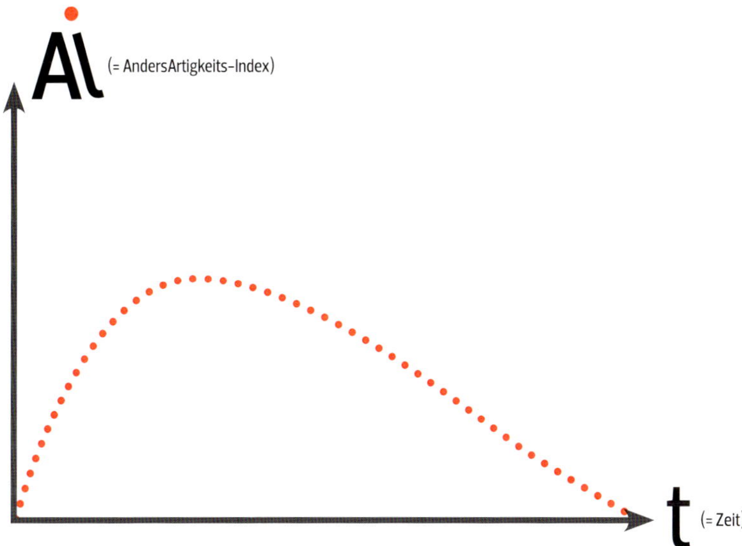

Der AndersArtigkeits-Lebenszyklus

Eine umgesetzte (!) neue Idee wird schnell als AndersArtigkeit wahrgenommen und kann genauso schnell zum Standard, also artig werden. Das Wartezimmer beim Arzt, das einem Wohnzimmer gleicht, das kostenlose WiFi im Hotel, der Kaffee beim Friseur, der herzliche Gruß zum Geburtstag mit einer lustigen Karte ... Damit ist nicht gesagt, dass all diese Dinge auch in Zukunft bei Ihren Kunden gut ankommen. Ich, Cay, warte jedoch lieber in angenehmer Atmosphäre als in einem zugigen Wartezimmer, das einer Bahnhofsvorhalle gleicht und in dem die abgegriffenen Zeitschriften des vorletzten Monats ihr Dasein fristen. Meine ärztlichen Kollegen haben noch viel Potenzial, andersArtig zu sein, wenn sie in Marketing-Hinsicht nur das machen, was ihre Kollegen aus der Wirtschaft vor einem Vierteljahrhundert bereits umgesetzt haben. Viel mehr sollten wir hier nicht erwarten. Umso mehr fällt es auf, wenn eine Arztpraxis wirklich zusehends andersArtig wird.

Die „Hidden Heroes“

Sehr schöne Beispiele für AndersArtigkeit finden sich in der Ausstellung „hidden heroes“ (schon allein der virtuelle Besuch der Ausstellung unter www.hidden-heroes.net ist andersArtig) des Vitra-Design Museums in Weil am Rhein[27]. Hier werden die alltäglichen „Produkt-Helden“, über die wir kaum mehr nachdenken, ausgestellt. Eines der „jüngeren“ Beispiele ist die 3M-Haftnotiz, die durch einen technischen Unfall „erfunden“ wurde. Das Ziel bestand eigentlich darin, ein Klebemittel zu mischen. Im Ergebnis klebte dieses aber nicht (Ziel also verfehlt), sondern haftete nur. Durch das Nachdenken über eine andere Anwendung dieses „Unfalls“ entstand etwas zum damaligen Zeitpunkt völlig Neues und somit AndersArtiges.

Innovation ist anfangs immer andersArtig.

Nehmen wir ein paar prägnante Beispiele heraus:

Auch der Teebeutel wurde – wie die 3M-Haftnotiz – angeblich aus einem Zufall heraus geboren: Teemuster wurden Anfang des 20. Jahrhunderts in Amerika in kleine Seidensäckchen verpackt, die einige Kunden in heißes Wasser tauchten, um den Tee zu testen.

Falls Sie lieber Bier, Coke oder Ähnliches trinken und diese Getränke bequem als Sixpack heimtragen, können Sie dem Entwicklungsingenieur Ougljesa Jules Poupitch dankbar sein. Er stellte sich in den 1950er Jahren die Frage, wie man sechs Getränkebehälter mit dem geringstmöglichen Aufwand und so wenig Verpackungsmaterial wie möglich transportieren könnte. Alle späteren Modelle des Ringträgers, der heute milliardenfach und in einer Vielzahl von Formen und Größen vom Unternehmen Hi-Cone erfolgreich produziert wird, gehen auf Poupitchs damalige Erfindung zurück.

Zu einem ganz anderen Produkt, das ich (Silvie) sehr gern mag (aber eher dezent) und das uns Frauen zauberhafte Lippen beschert: Wussten Sie, dass der Lippenstift bereits im Jahre 1880 auf den Markt kam? Zunächst hatte er jedoch einen schweren Stand, da er nicht nur als sündhaft galt, sondern zudem auch noch sündhaft teuer war. Die französische Schauspielerin Sarah Bernhardt, eine Diva des späten 19. Jahrhunderts, machte den Lippenstift dann aber dennoch populär, als sie mit kirschrotem Mund auf der Bühne stand. Mittlerweile gelten die Verkaufszahlen von Lippenstiften als Indikator für die allgemeine wirtschaftliche Lage: In schlechten Zeiten wird mehr Lippenstift verkauft, weil sich die Frauen statt teurer Kleidung eher eine kosmetische Kleinigkeit gönnen.

Oder wussten Sie, dass das Klebeband fast zeitgleich in den USA und Deutschland erfunden wurde? 1939 wurde für 3M das erste transparente Klebeband entwickelt, zwei Jahre später wurde es durch den Abroller zum universalen Helfer im Haushalt. Wenige Jahre später entwickelte Beiersdorf einen transparenten Kautschuk-Klebefilm, der unter dem Namen Tesa eingeführt wurde. Heute existieren tausende verschiedene Spezialklebebänder.

Anders nach Plan

Die Dimensionen „AndersArtigkeit“ und „Innovation“ sind sich in vielerlei Hinsicht sehr ähnlich. So gilt für beide sowohl Planbarkeit als auch Unplanbarkeit. Wie die bisherigen Beispiele zeigen, ist sehr viel Neues durch Zufall entstanden, der jedoch auch richtig genutzt wurde.

Innovation entsteht auf der einen Seite durch eine gedankliche und auch emotionale „Instabilität“. Wenn wir mit dem Rücken zur Wand stehen und scheinbar keine Möglichkeiten mehr haben, werden wir kreativ. Es stimmt einfach nicht, dass Ruhe und Entspannung die Kreativität fördern. Die Erfahrung zeigt uns selbst beim Schreiben dieses Buches etwas ganz anderes. Wenn Texte abgegeben werden müssen (!), so werden Autoren sehr kreativ – eben weil sie müssen.

Deadlines sind sinnvolle Werkzeuge der Kreativität.

Stellen Sie also Ihre Mitarbeiter öfter einmal behutsam (!), aber bestimmt „an die Wand“. Wir sind dann kreativ, wenn wir kreativ sein müssen.

Aber AndersArtigkeit ist auf der anderen Seite auch planbar. Fragen Sie sich doch einfach mal:

- Wie machen es die anderen?
- Wie könnten wir es anders als die anderen machen?
- Was müssen wir tun, um anders als die anderen zu sein?

Der AndersArtigkeits-Workshop

Wie wäre es, wenn Sie sich zusammen mit Ihren Mitarbeitern einmal einen Tag Zeit für einen AndersArtigkeits-Workshop nehmen (dieses Buch kann eine gute Vorbereitung dafür sein): Schreiben Sie einmal Ihre Wertschöpfungskette auf. Was bieten Sie Ihren Kunden? Aus welchen einzelnen Elementen besteht der Nutzen, den Sie Ihren Kunden bieten? Von der Festlegung eines Sortiments, dem Einkauf/der Produktion, der Präsentation, dem Verkauf, der Logistik, dem Service, ... Fragen Sie sich bei jedem einzelnen Element: „Wie macht es der Wettbewerb?“ und dann: „Wie könnten wir diesen Schritt anders machen?“ So kann AndersArtigkeit geplant entstehen. Bei diesem Workshop können Sie auch die Modelle und Werkzeuge dieses Buches anwenden. Viel Erfolg dabei.

Ein Beispiel einer geplanten andersArtigen Kampagne: Rivella[28], die störrische Schweizer Limonade, die gar keine ist, die sehr wenige Menschen außerhalb der Schweiz kennen und die sich doch seit 60 Jahren auf dem Markt behauptet. Auch hier geht es um AndersArtigkeit, wie auf der Facebook-Fanseite zu lesen ist:

Rivella ist seit 60 Jahren rivellutionär. Das steckt tief in unseren Genen. Schon unser Gründer, Robert Barth, hat anders gedacht und damit die Getränkelandschaft in der Schweiz revolutioniert. Rivella war damals einzigartig anders und ist es bis heute geblieben.

Jetzt suchen wir Rivellutionäre, die genauso anders sind wie wir. Querdenker und Vorreiter, Taktgeber und Freigeister, Insider und Outsider.

Rivella sucht Rivellutionäre.

Wir freuen uns auf spannende Begegnungen und Geschichten, wir freuen uns auf dich!

Quelle: www.facebook.com und www.lang-lebe-anders.ch

Natürlich gibt es auch Beispiele der AndersArtigkeit, die nicht funktioniert haben oder für die die Zeit noch nicht reif war:

Beispiel E-Auto: Es ist ein Hype, den die Automobilbranche derzeit mit der Elektromobilität erlebt. Wenn sich die Aufregung um das „Wann?", „Wie teuer?" und „Wie weit?" der ersten serientauglichen Modelle erst einmal gelegt hat, wird sich zeigen, ob die Autofahrer in Scharen zu dieser oder anderen alternativen Antriebsformen überlaufen. Natürlich schwärmt oder träumt jeder Beschleunigungssüchtige von einer Testfahrt mit einem Tesla oder ähnlichen E-Sportwagen. Aber das war auch mit Ferrari, Lamborghini oder Maserati nie anders und dennoch sind die Straßen nicht voll davon. Auf der anderen Seite sind manch notwendige Innovationen absehbar. Wenn die eine Ressource (Öl) endlich ist, es die andere Ressource (Energie) hingegen immer geben wird, so ist es nur eine Frage der Zeit, dass die Menschen e-mobil unterwegs sein werden, dabei i-telefonieren und mac-digital sind oder sich sogar mc-ernähren – vielleicht sogar McBio.

Daimler griff mit seinem Mobilitykonzept einen zukunftsweisenden Trend zu früh auf. Das Konzept sowie die Technik des Autos waren und sind zweifelsohne umweltschonend und innovativ. Aber der Markt nahm die energiesparenden Wagen der Kleinstwagenklasse in den frühen 2000er Jahren nicht so an, wie sich die Daimler AG das ausgemalt hatte. So stellte smart die Produktion der Produktreihen smart roadster und smart forfour relativ schnell nach deren Einführung wieder ein. Nur kurz danach launchte Fiat seinen Kleinwagen Fiat 500 – mit vollem Erfolg. Natürlich ist der smart forfour mit dem Fiat 500 nicht vergleichbar – auf der einen Seite ein eher futuristisches Modell (ohne Vorgängermodell) mit dem Anspruch, lifestylig zu sein, auf der anderen Seite die schöne Dolce Vita (mit Vorgängermodell). Aber dennoch: Wäre der smart forfour zum Zeitpunkt des Fiat 500 gelauncht worden, so hätte sich vielleicht doch der eine oder andere Käufer – nicht zuletzt auch aufgrund des niedrigeren Einstiegspreises – auf diesen Fahrspaß eingelassen.

Erinnern Sie sich noch an die erste Organizer-Generation mit dem damals innovativen Touchscreen, die auf eine herkömmliche Tastatur (bis auf wenige Funktionstasten) verzichtete? Anfang „kritzelte" man noch mit eigens dafür vorgesehenen Stiften mit abgerundeter Spitze auf dem Display herum. Ein EO440 oder 880 von AT&T, erschienen 1993, gilt als erster PDA, ein bis zwei Monate später erschien das Amstrad Penpad 600, kurz darauf im August das Newton Message Pad von Apple – leider nur mit mäßigem Erfolg. Knapp drei Jahre später hingegen wurde der Gerätetyp dann mit dem Pilot (später Palm) des Unternehmens USRobotics sehr erfolgreich. Für Apple war dies wohl eine der besten Lehren, denn beim iPod verfolgte das Unternehmen die Strategie des „frühen Nachfolgers" (ein Unternehmen entscheidet sich bewusst, nicht Pionier zu sein, sondern einem Trend zwar rasch, aber erst dann zu folgen, wenn die ersten Erfahrungen damit vorliegen) und wurde damit sehr erfolgreich.

Jetzt wissen wir also, warum es so wichtig ist, anders zu sein. Aber was genau heißt das?

Das sehen wir im nächsten Kapitel.

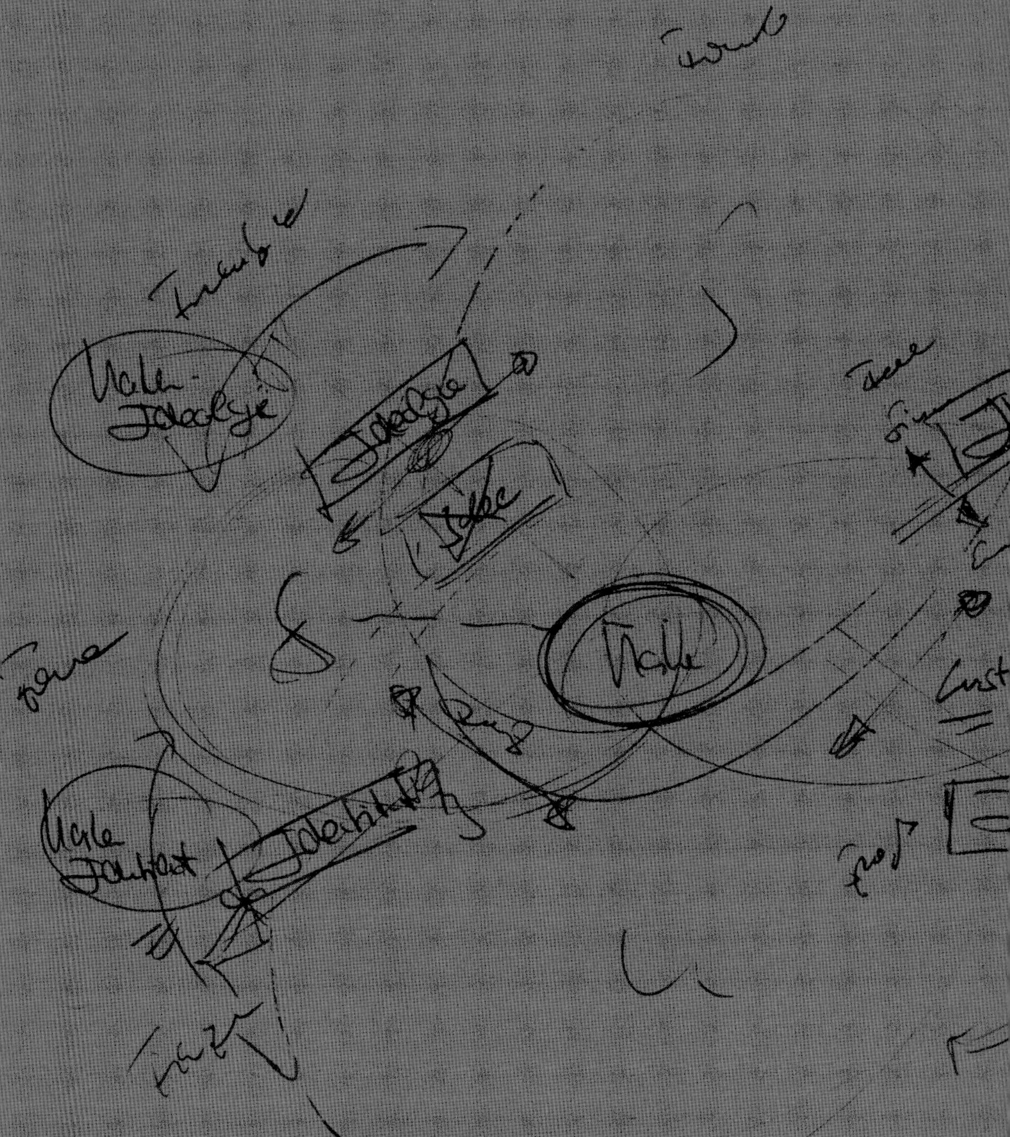

II

Artige und andersArtige Marken

Das Geheimnis der Ganzheitlichkeit

Im ersten Teil dieses Buches haben wir uns mit Märkten und mit Marketing beschäftigt. Wir haben also die Wirtschaftswelt von oben betrachtet, aus dem Hubschrauber. Jetzt landen wir mitten in den Regalen der Supermärkte, der Boutiquen und Online-Shops und auf den spiegelglatten Verkaufsflächen der Autohäuser. Denn jetzt geht es um Marken. Müssen Marken anders sein? Und wenn ja: warum? Und wie kriegen sie das hin?

Verstand ist nicht alles

Beginnen wir bei dem Produkt, das in Deutschland emotional so aufgeladen ist, dass es die Selig- und die Heiligsprechung bereits hinter sich hat: Wir meinen das „Heilig's Blechle", das Auto.

Die Autobauer haben früh verstanden, was Al Ries und Jack Trout mit „Positioning" gemeint haben (zum Teil haben die praktischen Autoleute es schon vor den Marketing-Theoretikern verstanden)[29]. Die Marketing-Experten vertraten die Meinung, dass die Idee hinter einem Produkt im Kopf der Zielgruppen – das heißt: in ihrem *Verstand* – eine bedeutende und einzigartige Stellung einnehmen müsse. Und so gingen die Marketingleute hin und (v)erklärten den Volvo zu einem Auto, das für *Sicherheit* steht. Audi wurde mit dem Slogan „Vorsprung durch *Technik*" verheiratet (schon 1971!) und VW übernahm die Rolle des Spaßmachers: *„Fahrvergnügen:* It's what makes a car a Volkswagen" – mit diesem Slogan bewarben die Wolfsburger ihre Autos in den USA.

Doch wussten die Autobauer auch schon früh, dass es nicht reicht, nur auf den Verstand abzuheben. Natürlich ist Technik in erster Linie etwas Rationales, doch das Auto insgesamt ist eine Herzensangelegenheit – gerade für Männer (aber nicht nur für diese). Marketing muss also auch das Herz der Verbraucher ansprechen. Unternehmer wie Howard Schulz von Starbucks, Richard Branson von

Virgin und Steve Jobs von Apple haben emotionales Marketing beispielhaft umgesetzt. Sowohl Starbucks „dritter Raum zum Kaffeetrinken“, Virgins „unkonventionelles Marketing“ und Apples „kreative Fantasie“ sind Initiativen, die auf unser Herz, auf unser Gefühlsleben abzielen. Die Unternehmen sind herausgefordert, die Ängste und Wünsche der Verbraucher zu verstehen und diese entsprechend zu berücksichtigen.

Verstand und Gefühl sind nur der halbe Mensch

Den Verstand und das Herz zu erreichen ist das eine, die Seele der Verbraucher anzusprechen, das andere.

Konsumenten suchen in einer chaotischen Welt nach Unternehmen, deren Mission, Vision und Werte ihren ureigenen Bedürfnissen nach sozialer, wirtschaftlicher und ökologischer Gerechtigkeit entsprechen. Sie wünschen sich von den Produkten und Dienstleistungen nicht nur die funktionelle und emotionale, sondern auch die seelische Erfüllung.

Damit geht es ihnen nicht anders als den Unternehmern: Der Gründer von Wikipedia, Jimmy Wales, ist getrieben von der Vision, das Wissen der Welt kostenlos (!) zu sammeln und der Welt kostenlos zurückzugeben. Hier kaufen die Kunden kein Produkt mehr, sondern sie spenden freiwillig (!).

So berücksichtigt auch Marketing-Experte Kotler in seinen Modellen neben Verstand und Herz auch die Seele des Konsumenten. Er hat sein Marke-Positionierung-Differenzierungs-Dreieck deshalb um die Faktoren Marken-Identität, MarkenIntegrität und MarkenImage ergänzt.[30]

Das 3i-Modell nach Kotler et al.[31]

- MarkenIntegrität zielt auf die Seele des Konsumenten. Die Differenzierung ist die DNS einer Marke, die ihre wahre Integrität wiedergibt. Sie ist der Beweis, dass eine Marke hält, was sie verspricht.

- Die MarkenIdentität gibt die Positionierung der Marke in den Köpfen der Konsumenten wieder. Die Marke sollte im Markt eine einzigartige Sonderstellung besitzen und den rationalen Bedürfnissen und Wünschen der Konsumenten entsprechen.

- Das MarkenImage soll eine emotionale Wirkung auf den Verbraucher ausüben. Der Markenwert sollte – über die Funktionalität und die Merkmale eines Produktes oder eine Dienstleistung hinaus – die emotionalen Bedürfnisse und Wünsche des Verbrauchers ansprechen.

Das ist bereits ein guter und ganzheitlicher Ansatz. Wir finden aber, dass es noch ganzheitlicher geht. Da fehlt noch etwas. Und zwar die körperliche Komponente: Die „Materie“ geht in diesem Modell unter!

Doch gerade die Materie (der Körper) ist genauso wichtig wie der Verstand, das Herz und die Seele des Menschen. Insgesamt müssen im Marketing des 21. Jahrhundert alle vier Komponenten im Sinne einer ganzheitlichen Markenführung (bezogen auf ein ganzheitliches Bild des Menschen) berücksichtigt werden – davon sind wir überzeugt.

- Der Körper wirkt bei Kaufentscheidungen mit: Warum sonst setzen wir uns in ein Auto und machen eine Probefahrt? Wie fühlt sich dieses Auto an? Emotionen haben durchaus auch eine sehr somatische (körperliche) Dimension. Warum sonst legen wir uns bei IKEA auf alle Sofas? Auch das Design ist Ausdruck einer solch körperlichen Dimension. Materie beeinflusst den Geist ebenso, wie der Geist die Materie beeinflusst. Aber das soll an dieser Stelle genug sein, sonst landen wir bei Hegel und Marx.

- Der Geist, der zu unabhängigem Denken befähigt, der analytische und rationale Verstand, hat bei Konsumentscheidungen immer noch etwas zu melden – und sind diese oft auch noch so spontan. Mit unserem Verstand wägen wir ab, vergleichen wir, loten unsere Verantwortung aus. Auch prüfen wir die Optionen und die Vor- und Nachteile. Auch wenn gegenwärtig einige Stimmen aus dem Bereich des Neuromarketings behaupten, unser Verstand spiele bei Kaufentscheidungen eine ganz untergeordnete Rolle, so möchten wir dies an dieser Stelle ganz einfach durch persönliche Empirie hinterfragen.

- Das Herz mit Empfindungen und den Emotionen. Gerade im Marketing geht es meistens um die Aktivierung emotionaler Entscheidungen. Neuromarketing-Experten sind überzeugt davon, dass die meisten Kaufentscheidungen emotional getroffen werden und wir diese mit unserem Verstand lediglich begründen wollen. Dem möchten wir nicht widersprechen, setzen aber hier das „und“ gegen das „oder“. Kaufentscheidungen sind ein ganzheitlicher Prozess, wie unsere Entscheidungen im Allgemeinen. Es wird viele Situationen geben, in denen der eine oder andere Aspekt überwiegt.

- Die Seele ist das philosophische und moralische Zentrum – auch des Marketings. Hier geht es um Werte, um den Sinn, um inspirierende Kraft – bei manchen Produkten und Dienstleistungen aber auch um Spiritualität (insbesondere in der Work-Life-Balance-Branche).

Als „Zustand des völligen körperlichen, geistigen, sozialen und seelischen Wohlbefindens“ definiert die Weltgesundheitsorganisation (WHO) die Gesundheit des Menschen. Wir finden: Was die WHO kann, sollte der ADC (der Art Directors Club für Deutschland e.V.) auch können.

Er sollte den Menschen in seiner Ganzheitlichkeit wahrnehmen. Die Existenz eines Menschen definiert sich schließlich durch seine materielle und seine immaterielle Welt, also Köper und Seele. In der Medizin fokussiert die Psychologie auf die Seele und die Physiologie auf den Körper. Aus diesen beiden Welten, Seele und Körper, leiten sich die zwei andere Lebensbereiche – Geist (Verstand) und Herz (Emotionen) – ab.[32]

Unsere geistigen Leistungen haben eine körperliche (Logik) und eine seelische (Kreativität) Dimension, ebenso wie unsere Emotionen geprägt sind von Lust auf der körperlichen und der selbstlosen Nächstenliebe auf der seelischen Ebene. In seinem Buch *„LebensBalance"* hat Cay diese Zusammenhänge hergeleitet. Daraus wurden acht Lebensbereiche, die wir beachten sollten, wenn wir über Lebensbalance sprechen. In diesem Buch wollen wir dieses Modell auf das Thema Marketing übertragen.

Erste Ansätze sehen wir bereits in der aktuellen Marketingliteratur – wir sind aber der Meinung, dass hier noch einige Erweiterungen nützlich sind: Wenn es Marketing im 21. Jahrhundert versteht, die vier grundlegenden Komponenten eines Menschen – Körper, Geist, Herz und Seele – ganzheitlich einzubeziehen und intelligent zu verbinden, werden sich ganz neue Möglichkeiten eröffnen, anders erfolgreich zu sein.

Das Zusammenspiel der vier Komponenten – Körper, Geist, Herz und Seele – im Marketing wollen wir Ihnen im Folgenden anhand der Marke aufzeigen.

Die Marken-Individualität

Die „Individualität der Marke" ist es, mit der die Unternehmen ihre Konsumenten erreichen. Individualität steht in diesem Zusammenhang nicht für individuelle Produkte oder Dienstleistungen, für die die Kunden gern bereit sind, höhere Preise zu zahlen. Mit der Individualität (lateinisch: individere = unteilbare Einheit) bezeichnen wir hier die Tatsache, dass die Marke eine unteilbare Einheit ist, auf die entsprechenden Gegebenheiten und Zielsetzungen des Unternehmens abgestimmt sein muss, sich von den vielen anderen Marken dort draußen unterscheidet und dabei vor allem auch auf die Bedürfnisse und Wünsche der Verbraucher eingeht. Neben „anders" sein, oder auch „artig" sein, geht es hier besonders um die Nähe zum Menschen. Konkreter: In ihrer Individualität kann eine Marke beschrieben werden wie ein Mensch. Und umgekehrt: Manche Menschen sind so markant, dass sie ein eigenes „Markenzeichen" entwickeln.

Das mi-Modell

Wie und wodurch wird die Individualität einer Marke bestimmt? Wir sagen: durch die Funktion der Marke (Geist), ihre Beschaffenheit (Körper), ihre Emotionen (Herz) und ihre Werte (Seele) sowie durch das ganzheitliche Zusammenspiel dieser einzelnen Markenelemente.

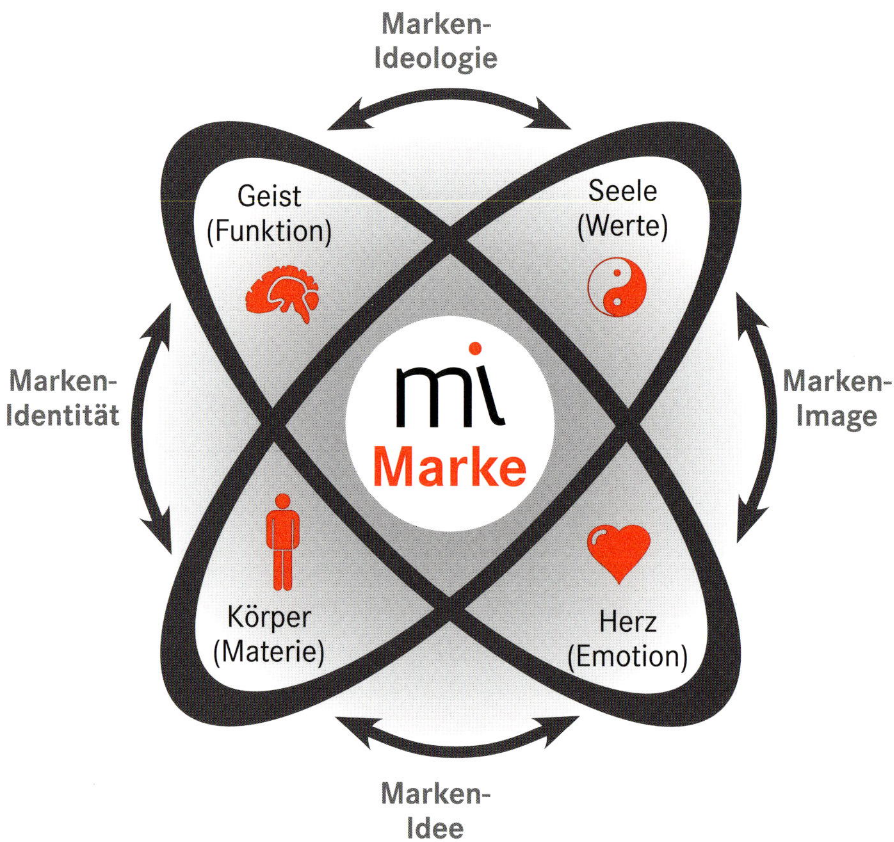

Das mi-Modell der „MarkenIndividualität“

Mit dem mi-Modell wollen wir eine Erweiterung herkömmlicher Modelle im Sinne der Ganzheitlichkeit anbieten. Die beschriebenen Elemente Körper, Geist, Seele und Herz finden sich in diesem Modell mit ihren Ausprägungen Materie, Funktion, Werte und Emotion wieder. In der Kombination dieser Ausprägungen entsteht die Individualität einer Marke:

- Die **MarkenIdeologie** beschreibt die Stabilität einer Marke, ihren Kern und somit das geistige Gebäude, in dem sich diese Marke bewegt.

- Der Gegenpol bildet die **MarkenIdee** und somit das dynamische Element einer Marke, die sich im Laufe der Zeit stets verändert. Marken sind im Wandel und hier wird die Innovation in die Markenwelt integriert.

- Die **MarkenIdentität** auf der linken Seite beschreibt dann das „Sein“ einer Marke, so wie sie rational und materiell wahrgenommen werden kann.

- Deren Gegenpol auf der rechten Seite ist das **MarkenImage,** der „Schein“ einer Marke, die dann besonders authentisch wirkt, wenn „Sein“ und „Schein“ übereinstimmend wahrgenommen werden.

Die Identität einer Marke

Die MarkenIdentität steht für die Positionierung der Marke bei den Konsumenten. Wir haben sie in unserem Modell im Spannungsfeld zwischen Geist (Funktion) und Körper (Materie) platziert, weil die Identität von Marken unserer Einschätzung nach sehr viel mit ihrem äußeren Erscheinungsbild (Körper) zu tun hat und mit dem, wofür sie steht: im Automobilbereich beispielsweise für Sicherheit, Technik, Fahrvergnügen – was in erster Linie unseren Verstand anspricht.

Weil unser Modell die MarkenIndividualität ganzheitlich darstellen soll, haben wir uns ein Beispiel an unseren früheren Chemiebüchern genommen und lassen die Begriffe um den Markenkern kreisen wie Elektronen um den Atomkern. Das Modell ist dynamisch. Jeder Begriff steht mit jedem in Verbindung. Und so spielt für die Identität der Marke selbstverständlich nicht nur die körperliche Dimension eine Rolle, sondern auch die seelische (die Werte, die eine Marke verkörpert), und auf der anderen Seite nicht nur die rationale Dimension, sondern auch die emotionale.

Die Identität einer Marke – oder auch eines Menschen – entsteht immer aus einer Kombination mehrerer (wahrnehmbarer) Merkmale und Eigenschaften, die aufeinander abgestimmt sein müssen und letztlich ein und dasselbe widerspiegeln. Die Identität eines Menschen reift über viele Jahre [33]. Analog wird sich auch eine klare MarkenIdentität über einen längeren Zeitraum entwickeln.

Sozialwissenschaftler und Psychologen haben sechs Faktoren bestimmt, mit der sich Identität beschreiben lässt:[34]

- **Markenherkunft:** Die Markenherkunft legt die Basis der MarkenIdentität.
- **(Kern-)Kompetenz der Marke:** Die Markenkompetenz, die auf den Ressourcen und organisationalen Fähigkeiten eines Unternehmens basiert, führt zu dem spezifischen Wettbewerbsvorteil und sichert ihn ab.
- **Art der Markenleistung:** Die Markenleistung an sich bestimmt, wie eine Marke für den Nachfrager nutzbar ist.
- **Markenvision und Markenwerte:** Die Markenvision leitet die Gestaltung der Identität und die Markenwerte geben wieder, woran die Marke und ihre Repräsentanten glauben.
- **Markenpersönlichkeit:** Die Markenpersönlichkeit als abschließende Komponente beeinflusst den Kommunikationsstil der Marke.

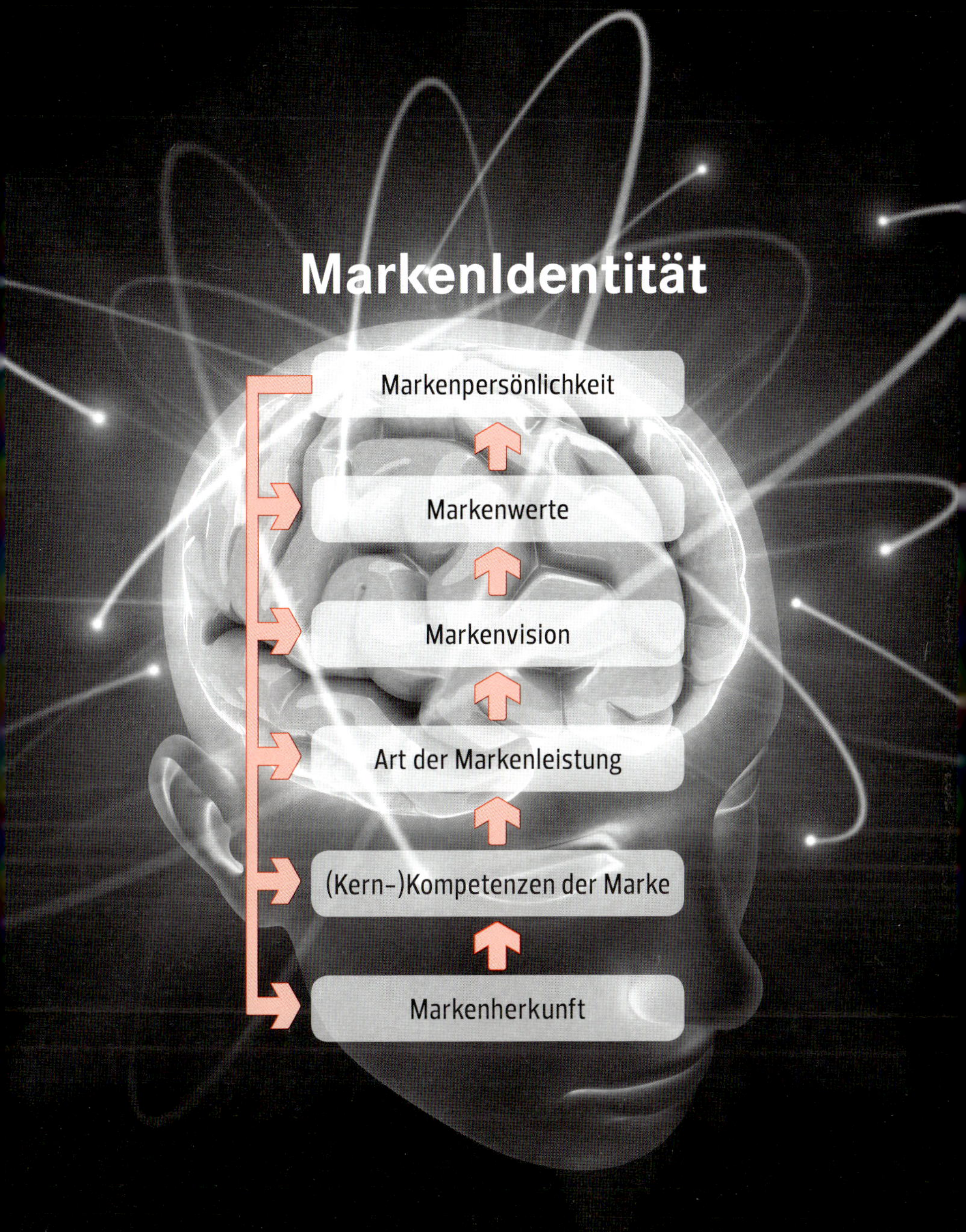

Die Komponenten der MarkenIdentität (in Anlehnung an Burmann/Blinda/Nitschke 2003, S.7)

Der Stellenwert dieser verschiedenen identitätsstiftenden Komponenten hängt wiederum stark von den jeweiligen Rahmenbedingungen[35] sowie der betrachteten Produktkategorie ab. So beschäftigen Sie sich wahrscheinlich mehr mit der Identität Ihrer Jeans als mit der Identität Ihres Duschvorlegers.

Die generelle Bedeutung der MarkenIdentität für das Verhalten eines Konsumenten gegenüber der Marke hängt darüber hinaus von der Stärke der persönlichen Identität des jeweiligen Individuums ab. Menschen mit eher schwacher Ich-Identität werden sich eher in der Identität einer Marke wiederfinden und sich mit dieser identifizieren als Menschen mit einer starken Ich-Identität[36].

Das ist auch der Grund dafür, warum zum Beispiel Jugendliche (mit einer noch nicht so stark ausgereiften Identität) so unglaublich viel Wert auf „Markenklamotten" legen. Oder warum Menschen, die sich gerade selbständig machen, sehr viel Zeit und Geld in neue Laptops, Kommunikationsgeräte oder Autos investieren. Es geht eben nicht nur um einen Klapprechner, ein Telefon und ein Fortbewegungsmittel mit vier Rädern, sondern es steht die gesamte Identität auf dem Spiel. Es sind die Produkte, in denen sich der kommende Erfolg bereits heute spiegeln soll. Sie sehen: Marketing und Magie sind gar nicht so weit voneinander entfernt.

Bekanntheit ist erst der Anfang.

Was unterscheidet nun Red Bull von der Schwarzen Dose, BMW von SEAT oder Vodafone von Debitel? Führend und voll Leben ist eine Marke, wenn sie jeder in ihrer relevanten Zielgruppe als „gute Bekannte", ja vielleicht sogar „Freundin" verinnerlicht hat. Dies ist im Grunde genommen der kleinste gemeinsame Nenner. Doch ist das auch der entscheidende Faktor?[37]

Wohl kaum. Denn Bekanntheit – oder hohe Erinnerungswerte bei Kampagnenauswertungen – reichen nicht aus, um den Spitzenplatz zu erzielen. Die Spitze wird von denjenigen erreicht, die eine stabile Käuferbindung und eine nachhaltige Kundentreue erreicht haben, die im Wettbewerbsvergleich ihresgleichen sucht. Das sind genau jene Produkte, mit denen sich die Käufer „identifizieren".

Die Kernbotschaft ist simpel: Eine starke Marke braucht Käufer- und Wiederkäufer, Verehrer und Empfehler ... und diese bestimmen damit direkt oder auch indirekt den Wert der Marke und damit auch den Wert des Unternehmens, der zu einem Gutteil vom Markenwert bestimmt wird.[38] Starke Marken sind sehr geprägt von aktiven Referenzen, also Weiterempfehlungen. Kunden, die Verehrer sind, werden zu Botschaftern einer Marke.

Schaffen Sie es, aus Ihren Kunden Botschafter Ihrer Marke zu machen!

Nehmen Sie den iPad. Wie viele Kunden wurden wohl gewonnen, indem ein begeisterter Anwender einem seiner Freunde oder Kunden dieses Gerät vorgeführt hat? Und das meist leidenschaftlicher und authentischer als jeder Verkäufer.

Betrachten wir Coca-Cola und Pepsi. Während Coca-Cola seit vielen Jahren das Interbrand-Ranking anführt, folgt Pepsi lediglich auf Rang 23 – eine Tatsache, die uns nicht verwundert. Aber wo liegt der Grund? Coca-Cola-Konsumenten in Deutschland sind ihrer Marke besonders treu: 52 Prozent trinken ausschließlich ihre „Coke“. Bei Pepsi-Konsumenten liegt dieser Wert lediglich bei 10 Prozent[39] ... und das, obwohl Blindtests zeigen, dass Pepsi besser als Coca-Cola schmeckt. In Blindtests bevorzugen 51 Prozent der Teilnehmer Pepsi. Doch wenn der Softdrink offen als Pepsi oder Coca-Cola serviert wird, schmeckt 65 Prozent der Verkoster Coke plötzlich besser.[40] Testergebnisse wie diese lassen an der Rationalität der Menschen zweifeln. Kaufentscheidungen werden häufig emotional getroffen. Hirnforscher bestätigen, dass Entscheidungen zu 70 bis 80 Prozent unbewusst getroffen werden.

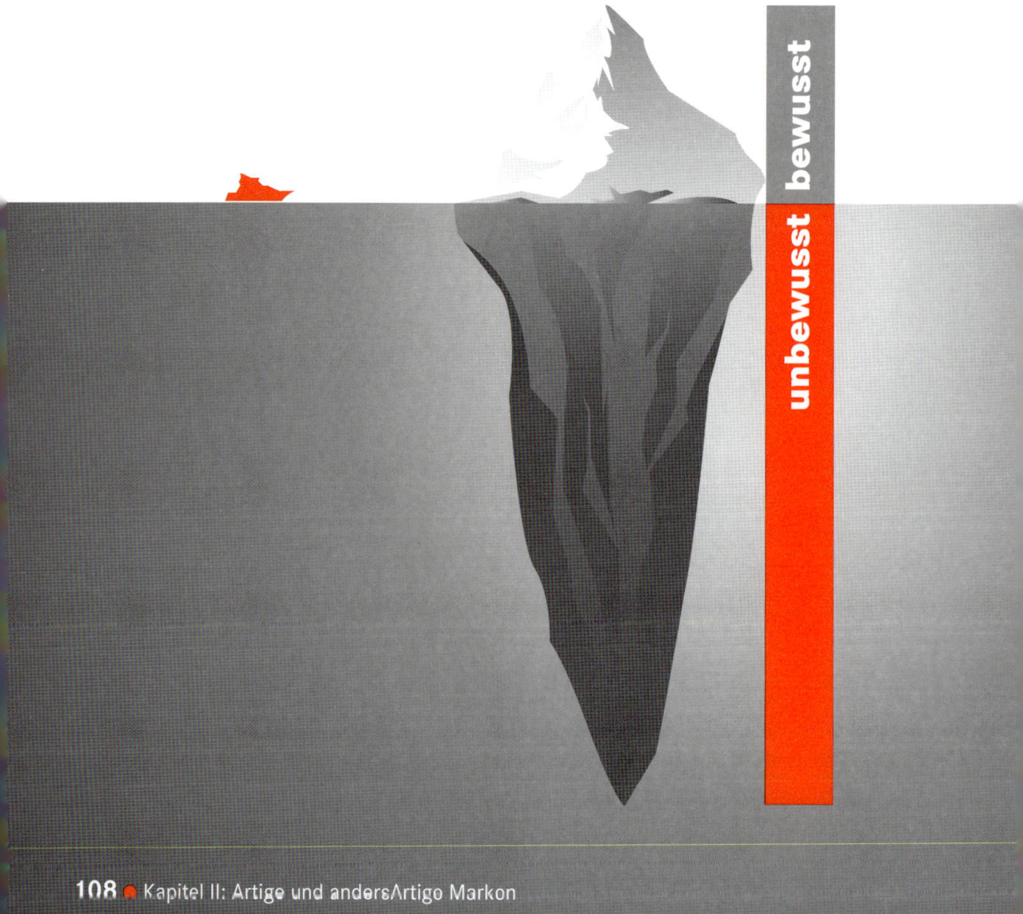

Technische Entwicklungen und zunehmende Bandbreiten der Datenübertragung liefern den Unternehmen immer mehr Möglichkeiten, die Marken auch im Internet auf emotionale Weise zu inszenieren und damit die Kaufentscheidung entsprechend zu lenken. Marken werden in der Online-Welt auf unterschiedlichste Weise erlebbar gemacht und durch multimediale Marketing-Kampagnen, Landing Pages oder interaktive Specials positiv aufgeladen. Konsumenten haben in dieser Welt nur noch bedingt die Möglichkeit, sich diesen Inszenierungen zu entziehen. Umso wichtiger ist es wiederum, dass Sie mit der Inszenierung klarer MarkenIdentitäten einen nachhaltigen Eindruck im Kopf der Konsumenten hinterlassen.

Inszenieren Sie Ihre Marke so, dass sie in den Köpfen Ihrer Konsumenten nachhaltig verankert bleibt. AndersArtigkeit ist hierfür ein sehr wirksamer Weg.

Die Ideologie einer Marke

Anders sein als andere! Differenzierung ist angesagt! Differenzierung ist das Gegenteil von Anpassung. In diesem Zusammenhang müssen die Überlegungen zum Unique Selling Proposition (USP) erweitert werden. Der entscheidende Produktvorteil besteht heutzutage in der Möglichkeit, dem Produkt eine bestimmte Bedeutung zu geben. Nicht nur – wie in der Vergangenheit – im funktionalen Nutzen (in unserem Modell: Geist/Funktion).

Das Produkt wird vielmehr zu einer Art Zeichensymbolik, zu einer Sprache, die vom potenziellen Kunden gelesen und verstanden wird. Die Positionierung einer Marke wird heute insbesondere auch durch den seelischen Mehrwert bestimmt (im Modell: Seele/Werte), den sie in der Lage ist, zu schaffen. Konsumenten suchen in turbulenten Zeiten nach Angeboten von Unternehmen, deren Mission, Vision und Werte ihren ureigenen Bedürfnissen nach sozialer, wirtschaftlicher und ökologischer Gerechtigkeit entsprechen.

Das Thema „Nachhaltigkeit wirkt nachhaltig"

Das Thema Nachhaltigkeit hat nicht zuletzt vor diesem Hintergrund in den letzten Jahren zunehmend an Bedeutung gewonnen. So verwundert es nicht, dass immer mehr Unternehmen gerade auf dieses Thema setzen. Seit drei Jahren werden sogar jährlich die nachhaltigsten Unternehmen, Marken und Produkte von der Stiftung Deutscher Nachhaltigkeitspreis ausgezeichnet.

2010 wurde die Bremerhavener Fischmanufaktur Deutsche See[41] Deutschlands nachhaltigstes Unternehmen – und zwar für sein Engagement im Umwelt- und Artenschutz. Nachhaltigste Marke des Jahres 2010 wurde der Hamburger Energieversorger Lichtblick.[42]

Für Deutschlands nachhaltigste Zukunftsstrategien erhielten der Herzogenauracher Sportartikelhersteller Puma, das Berliner Wohnungsunternehmen Gesobau[43] und der Münchner Reiseveranstalter Studiosus[44] einen Preis. C&A sowie Daimler konnten 2010 Auszeichnungen in der Kategorie nachhaltige Produkte gewinnen, während der Handelskonzern REWE gleich drei Preise abräumte, unter anderem als „recyclingfreundlichstes Unternehmen".

Auch Prominente widmen sich vermehrt dem Thema Nachhaltigkeit und laden dadurch „ihre" Marke auf: So erhielt Dallas-Serienstar Larry Hagman 2010 für sein Solarstrom-Engagement einen Sonderpreis und der britische Starkoch Jamie Oliver einen Ehrenpreis für sein Engagement für gesunde Ernährung.

Es gibt zum Thema Nachhaltigkeit natürlich auch eine Menge Negativbeispiele. Ölkonzerne, die sich nicht um Umweltschutz scheren, wie die große Katastrophe des letzten Jahres im Golf von Mexiko gezeigt hat. Auch bei der Ausbeutung von Entwicklungsländern machen Unternehmen (und somit Marken) ebenso wie ganze Länder keinen guten Eindruck.

Fakt ist: Kunden haben eine sehr viel größere Macht, als ihnen oft bewusst ist. Ganze Regierungen kommen derzeit durch Facebook & Co in Bedrängnis, ebenso wie sich schlechte Nachrichten über eine Marke auf solchen

Plattformen sehr schnell verbreiten. Daher werden die Themen Authentizität, Nachhaltigkeit, Ehrlichkeit und wirklicher Nutzen zu den Bausteinen der MarkenIdeologie.

Prägen Sie aktiv die Ideologie Ihrer Marke!

Das Image einer Marke

Das MarkenImage ist ein mehrdimensionales Einstellungskonstrukt[45], das das in der Psyche der Verbraucher fest verankerte, verdichtete und auch wertende Vorstellungsbild einer Marke wiedergibt. Einfach gesprochen ist es der „Schein“ einer Marke. Wie erscheint uns die Marke als Kunden? Es ist also das Resultat der individuellen, subjektiven Wahrnehmung und Dekodierung aller von der Marke ausgesendeten und von der relevanten Zielgruppe empfangenen Signale. Dies bezieht sich vor allem auf die subjektiv wahrgenommene Eignung der Marke zur Befriedigung der Bedürfnisse des Individuums.[46]

Der Zusammenhang zwischen der Gestaltung der zuvor beschriebenen MarkenIdentität und dem verfolgten MarkenImage bei der relevanten Zielgruppe zeigt die Abbildung auf den nächsten beiden Seiten. Die Ausgestaltung der Markenpersönlichkeit, der Markenwerte und der Markenvision bestimmt primär die Wahrnehmung des symbolischen Nutzens der Marke (das heißt zum Beispiel: Mit einem supertollen Auto fühle ich mich selbstbewusster). Der funktionale Nutzen (das heißt: Mein supertolles Auto fährt auch supertoll) wird hingegen über die Art der Markenleistungen determiniert. Der Fit dieser vier Identitätskomponenten mit den (Kern-)Kompetenzen und der Herkunft einer Marke bestimmt die Authentizität der verfolgten Markenpositionierung (was wiederum heißt: Wenn mein supertolles Auto nur so tut, als würde es auch supertoll fahren, tatsächlich aber eine ziemliche Schrottkiste ist, dann fühle ich mich nicht selbstbewusster – die Rechnung geht sozusagen nicht auf).[47]

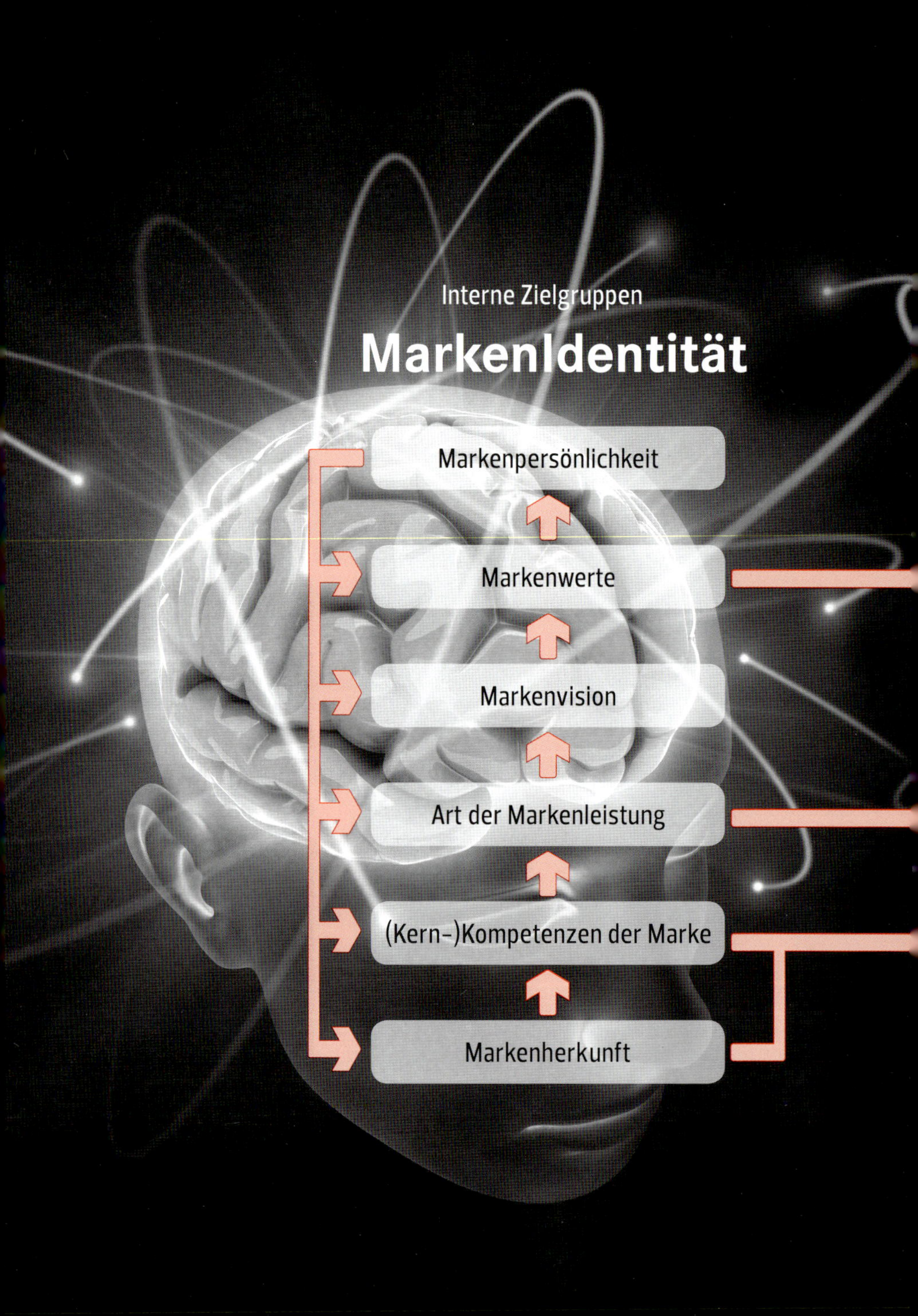
Interne Zielgruppen
MarkenIdentität
Markenpersönlichkeit
Markenwerte
Markenvision
Art der Markenleistung
(Kern-)Kompetenzen der Marke
Markenherkunft

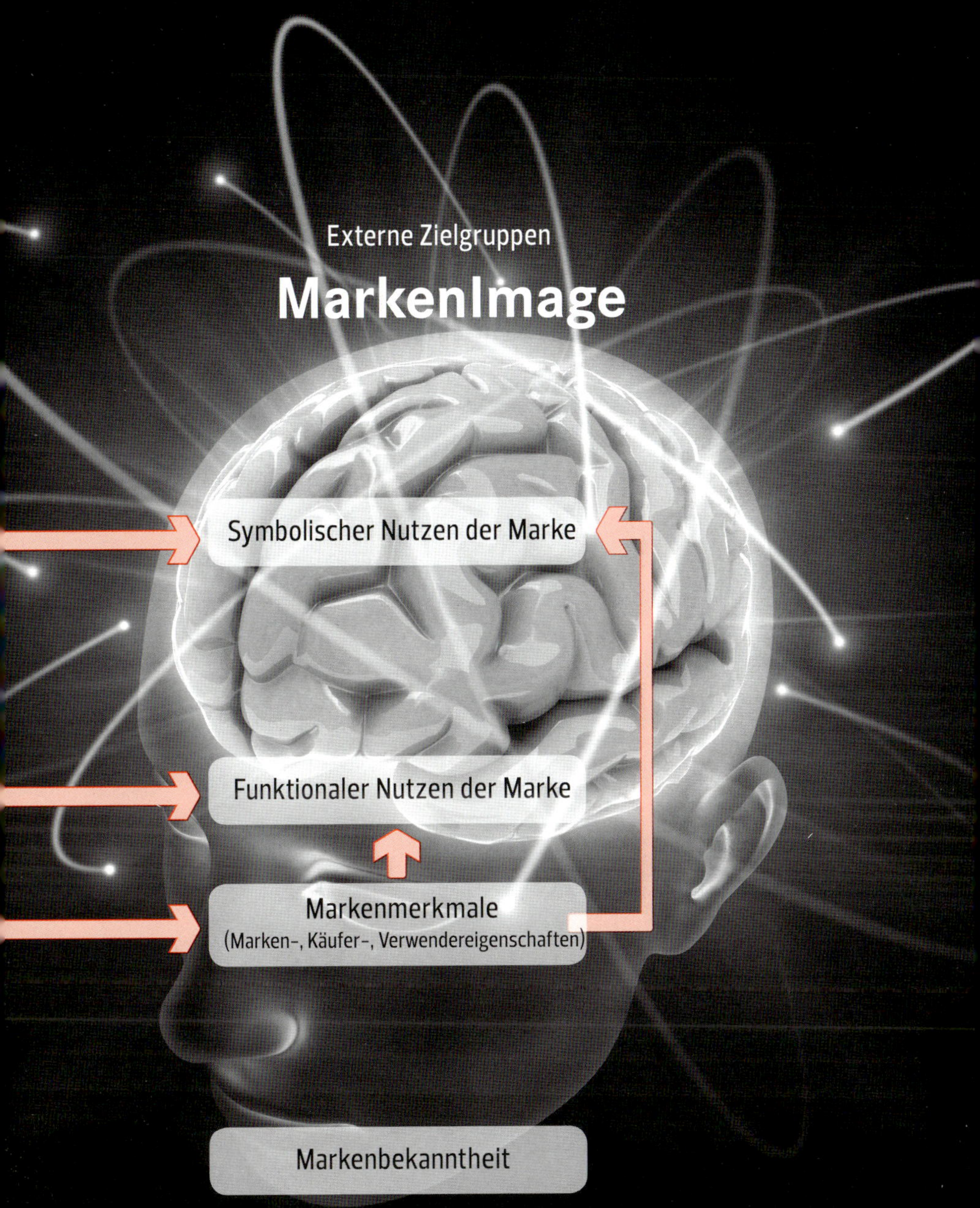

Der Zusammenhang zwischen der Identität und dem Image einer Marke (in Anlehnung an Burmann/Blinda/Nitschke 2003, S.25)

Die Bekanntheit einer Marke ist sowohl die Grundvoraussetzung für die Bildung eines MarkenImages bei den relevanten Zielgruppen als auch für die Entstehung eines Vorstellungsbildes im Kopf der Konsumenten. Einfacher gesagt: Nur was bekannt ist, bleibt im Kopf.

Neue Trends wie „Brain-Branding“ oder „Neuromarketing“ beschäftigen sich mit diesem Thema. Dabei arbeiten Marketing-Experten interdisziplinär mit Neurologen zusammen, denn neue technische Möglichkeiten wie beispielsweise die Positronen-Emissions-Tomographie (PET), die Single Photon Emission Computed Tomography (SPECT) sowie die funktionelle Magnetresonanztomographie(fMRT) geben einen Einblick in die Abläufe im menschlichen Gehirn. Forschungsprojekte beweisen, dass bestimmte Gehirnareale aufleuchten, wenn der Mensch mit einer Marke konfrontiert wird. Den direkten Weg in die Köpfe der Verbraucher zu finden ist das Ziel derartiger Forschungen. Für die Markenführung bringen diese Forschungen wichtige Erkenntnisse – zumal wir heute wissen, dass sich kognitive und emotionale Prozesse im Gehirn abspielen. Wenn Sie zum Beispiel an den Eiffelturm denken, taucht vor Ihrem inneren Auge voraussichtlich zuerst die charakteristische Form des Bauwerks auf, bevor Sie sich vielleicht daran erinnern, dass der Eiffelturm zur

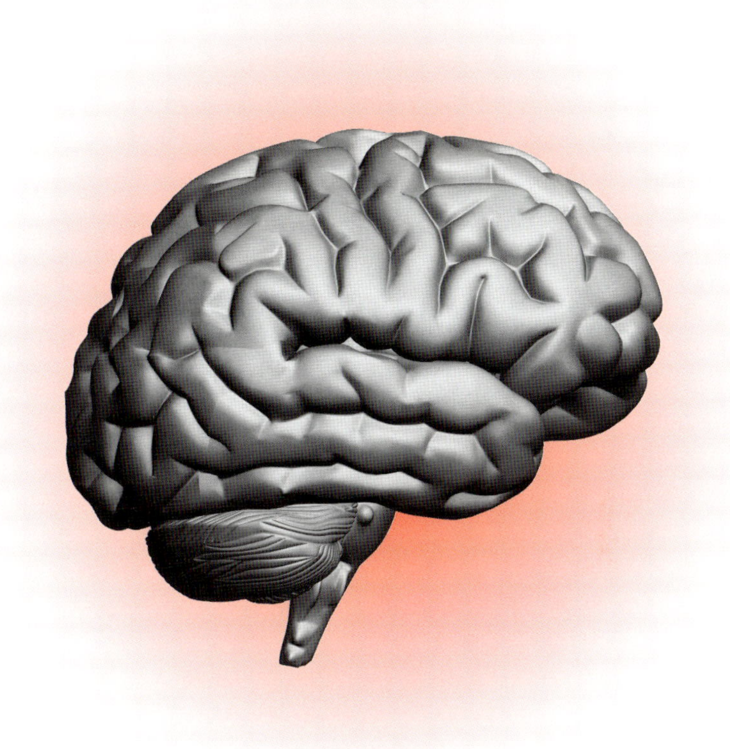

Weltausstellung 1889 fertiggestellt wurde. Innere Bilder, in unserem Gedächtnis gespeichert, spielen in vielen Lebenssituationen eine bedeutende Rolle. Meistens sind sie prägnanter als andere Gedächtnisinhalte.

Schnellschuss ins Hirn

Werner Kroeber-Riel, der als Urheber der Konsumentenforschung gilt, hat vehement auf die Bedeutung der inneren Markenbilder für den Erfolg einer Marke hingewiesen. Imagery-Strategien nutzen systematisch und langfristig die Bildkommunikation zum Aufbau innerer Bilder.

Grundlagen für deren Entwicklung bieten die Erkenntnisse der Imagery-Forschung, eines verhaltenswissenschaftlichen Forschungszweigs, der sich mit der Entstehung, Verarbeitung und Wirkung von inneren Bildern beschäftigt.

Im Mittelpunkt der angewandten Forschung steht die besondere Wirkung der Bildkommunikation (durch die innere Bilder bei den Empfängern geschaffen werden). Auf einen kurzen Nenner gebracht: Bilder sind schnelle Schüsse ins Gehirn, die wesentlich rascher als sprachliche Informationen aufgenommen und verarbeitet werden. Bilder prägen sich besser ein als sprachliche Informationen und werden auch besser erinnert (das sind die „Bildüberlegenheitswirkungen" im engeren Sinne. Die im Gedächtnis erzeugten inneren Bilder beeinflussen das Verhalten besonders stark. Nicht zuletzt vor dem Hintergrund zunehmender Informationsüberflutung und Marktsättigung, sind professionell gestaltete und eingesetzte Bilder wahre Wunderwaffen der Beeinflussung.[48]

Apple hat es beispielsweise mit seiner „Apfelsilhouette mit Biss" geschafft. Sobald das „Apple-Logo" erscheint, spiegelt sich im Kopf des Konsumenten direkt die Apple-Welt wider, die mit Innovationen, Emotionen und vor allem auch einzigartigem Design verbunden wird. Zur ironischen Konnotation (natürlicher Apfel und künstlicher Computer) bietet das Design des „Apple" ein subtiles Wortspiel: „Beißen" heißt im Englischen „to bite", was wiederum klingt wie „Byte". Es gibt übrigens mehrere Geschichten dazu, wie der Name entstanden ist. Das Magazin *Der Spiegel* erklärte in seiner Titelgeschichte „Der iKult" (April 2010) die Sache so: „Möglich, dass Jobs den Namen bei den Beatles klaut, deren Platten bei Apple Records erscheinen; möglich, dass der Name dem Genialen unter einem Apfelbaum einfällt, jedenfalls kommt Jobs von jener Farm in Oregon zurück, wo er gern aushilft, und schlägt dem Kumpel ‚Apple Computer' vor. Jobs hört die zweite Geschichte lieber, sie ist sehr romantisch, doch Wozniak sagt, er habe Jobs nie gefragt."

Auch E-Plus hat es mit seinem die Menschen verbindenden „Pluszeichen", Red Bull mit seinem kraftvollen roten Bullen, Timberland mit seinem Baum oder die Deutsche Lufthansa mit ihrem aufsteigenden Kranich geschafft, sich in den Köpfen der Konsumenten zu verankern und dort direkte Assoziationen auszulösen. Dabei zeigt sich: Je näher der Markenname an das Markenbild angelehnt ist (oder auch umgekehrt), umso einfacher prägt sich dieses in den Köpfen der Konsumenten ein.

Schaffen Sie ein Bild

in den Köpfen der Konsumenten, mit dem das ausgelöst wird, was Sie sich wünschen.

Die MarkenIdee

Wie gelingt nun der Aufbau und vor allem Ausbau eines konsistenten und stimmigen Gesamtbildes einer Marke? Entscheidend für die Führung von Marken ist, dass sich die verschiedenen Elemente der MarkenIdee in den Köpfen der unterschiedlichen Zielgruppen nicht widersprechen, sondern sich zu einem konsistenten Gesamtbild zusammenfügen.

Vorgabe für das angestrebte MarkenImage ist die Strategie, die idealtypisch auch als MarkenIdee vorliegt. Diese MarkenIdee beschreibt den konkreten Geschäftszweck, der sich insbesondere vom konkreten Wettbewerb unterscheidet. Eine konkrete und konsistente MarkenIdee ist somit Anker und Ausgangspunkt für den erfolgreichen Aufbau einer Marke.

MarkenIdeen entstehen manchmal aus dem Clash zwischen der materiellen und emotionalen Seite eines Produkts, wobei – und das ist die Herausforderung – beide Pole nicht beständig sind. Das Produkt ändert sich permanent, die damit verbundenen Emotionen auch, und das ist auch gut so. Denn ohne Innovation, ohne eine lebendige Verbindung zwischen Tradition und Zukunft, verliert ein Produkt an Attraktivität. Es veraltet, wird vergessen und ausgelistet.

Die Firma Rausch in der Schweiz mit ihren einzigartigen Pflegeprodukten für Haut und Haar feierte jüngst ihr 120-jähriges Jubiläum. Sie stellte den Claim „Einzigartig seit 1890“ in den Raum und unterlegte diesen mit einem schönen Geschenk für Stammkunden und Geschäftspartner. In einem hübschen Kästchen fanden die Beschenkten auf der einen Seite ein Fläschchen „antiseptisches Camillen Shampooing“ in dem Design von 1890 und auf der anderen Seite eine kleine Broschüre mit den aktuellen Produkten und neuesten medizinischen Erkenntnissen. Eine sehr gelungene Kombination, die die Idee der Marke wunderbar auf den Punkt brachte.[49]

TUI war noch vor wenigen Jahren ein Paradebeispiel für eine konsequent umgesetzte MarkenIdee: Aus der Vision „TUI is the most beautiful time of the year“ wurde die Mission „Putting a smile on people’s face“ als Mission für die „World of TUI“ abgeleitet, die sich sowohl an die Kunden als auch an die anderen Anspruchsgruppen richtete.

Diese MarkenIdee basiert auf den Werten „Opening Doors, Going Beyond, Enjoying Life“. Diese Werte drücken eine weltoffene, transparente und ehrliche Grundhaltung aus. Beste Qualität, bester Service und Innovationsführerschaft sind das Bestreben des Unternehmens TUI, das sich zu einem Beitrag zu mehr Lebensfreude verpflichtet. Die externen und internen Turbulenzen der vergangenen Jahre fordern von TUI mehr denn je die Rückbesinnung auf und die konsequente Umsetzung einer so beispielhaften MarkenIdee.[50]

Die Aufgabe der Markenführung besteht nun darin, das MarkenImage und die MarkenIdentität durch die zentrale MarkenIdee vorzusteuern. Die MarkenIdee stellt die Richtgröße dar, nach der die Entwicklung von Image und Identität geführt wird. Ein Markenmanagement muss damit weit über die einseitige Ausrichtung auf die Wahrnehmung der Marke beim Konsumenten (reines Image) und über das „Basteln“ einer Identität der Marke hinausgehen.

Menschen mit Markenzeichen

Gehen wir hier auf den Menschen als Marke ein. Jeder Mensch ist individuell und so sollte auch eine Marke sein. Nehmen wir uns Zeit für einen kurzen Ausflug in das Showbusiness. Künstler, Stars, Promis allgemein sehen sich in der Regel als Marke. Um sich jedoch als Marke zu inszenieren bedarf es mehr, als nur prominent zu sein. Es bedarf einer starken Persönlichkeit, die anders-Artig ist. Die Merkmale der Person müssen für die Öffentlichkeit bedeutend und vor allem auch deutlich wahrnehmbar sein. Viele Persönlichkeiten sind gerade deshalb in ihrer Positionierung so schwach, weil sie sich einfach zu wenig von anderen unterscheiden.

Der Mensch als Marke zeichnet sich gerade dadurch aus, dass er Ecken und Kanten besitzt, wie – wenn wir beim Showbusiness bleiben – im Fall von Karl Dall, der nicht nur auf der Bühne polarisiert. Das Statement anlässlich seines 70. Geburtstags am 1. Februar 2011: „Ich wollte nie angepasst sein, weil das gar nicht geht", bringt es auf den Punkt. Der intelligente Humor des Ostfriesen kombiniert mit seinem Markenzeichen, das nach dem Titel seiner Biographie „Auge zu und durch" fast wie ein Claim wirkt, macht den Showmaster absolut einzigartig.

Dass er im privaten Bereich mit seiner Frau vier Jahrzehnte verheiratet ist und mit ihr und ihrer bildhübschen Tochter (die als Stuntwoman in Canada agiert) viel Zeit verbringt, ist in der Showbranche ebenso „andersArtig" wie er selbst.

Der Mensch ist einzigartig – und so ist die Marke! Im Rahmen des individuellen Markenmanagements gilt es, diese Einzigartigkeit aufzudecken und sie aktiv, systematisch und langfristig zu entwickeln. Jede starke Marke hat eine starke Persönlichkeit, eine schwache Marke hingegen hat keine Persönlichkeit!

Decken Sie die Einzigartigkeit Ihrer Marke auf und entwickeln Sie diese aktiv, systematisch und langfristig.

So. Jetzt wissen wir alles über andersArtige Marken. Aber noch nicht über andersArtige Unternehmen. Also auf ins nächste Kapitel.

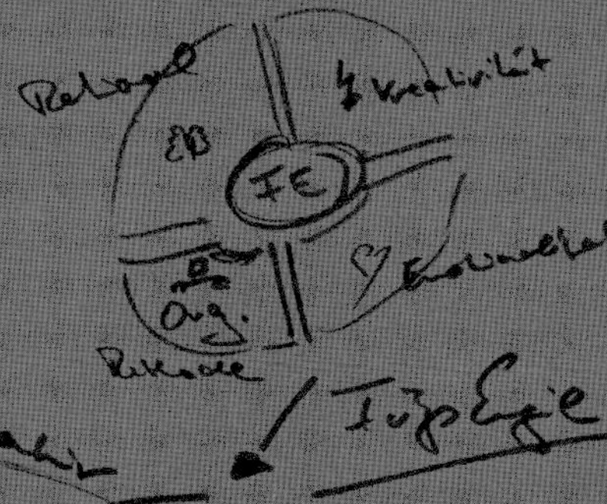

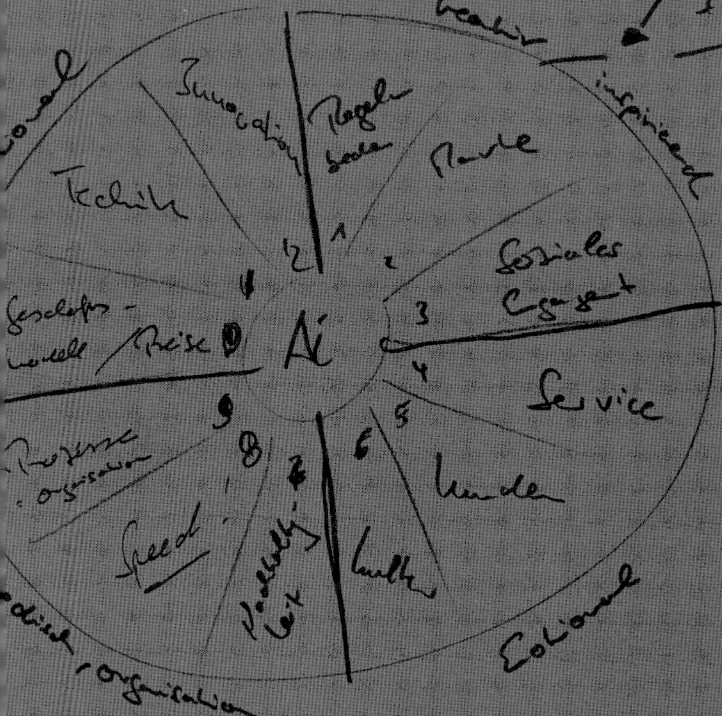
Ai
Technik
Service
Speed
rational

rational

III

Was andersArtige Unternehmen erfolgreich macht

Zurück zum Wahren, Guten, Schönen

In den vergangenen 60 Jahren hat das Marketing mehrmals seinen Fokus verschoben. Zuerst blickte es auf das Produkt (Marketing 1.0), dann nahm es den Verbraucher ins Visier (Marketing 2.0) und jetzt schaut es hinter die Menschen und Dinge (Marketing 3.0). Es sucht nicht mehr das Materielle und Menschliche, sondern das Immaterielle, das Zwischenmenschliche und Übermenschliche: Sinn und Werte, Visionen und manchmal sogar Spiritualität. (Eigentlich eine witzige Parallelität zu den Märkten und zur Kommunikation: Beide verschwinden derzeit aus der Realität, entmaterialisieren sich gewissermaßen durch ihren Umzug in die virtuelle Welt des Internets.)

Hinter dieser Entwicklung steht das sich verändernde Wertesystem der Menschen in der westlichen Welt: Immaterielle Werte wie soziale Verantwortung und Umweltschutz, aber auch Vertrauen und Verlässlichkeit gewinnen zunehmend an Bedeutung. Hinzu kommt der Machtgewinn der Konsumenten durch soziale Netzwerke: Sie sind weniger denn je darauf angewiesen, sich von Werbung informieren zu lassen. Sie tauschen ihre Produkt- und Kundenerfahrungen in sozialen Netzen aus.

Was bedeutet das für die Unternehmen? Unternehmen werden in Zukunft noch mehr unter dem Druck stehen, Orientierung zu liefern und moralisch vertretbar zu agieren. Menschen werden sich immer mehr nach Marken sehnen, die für Sinn, Werte und Verantwortung stehen. Sie wollen saubere Energie, sie wollen verantwortungsbewusst reisen, sie wollen fair bezahlte Milchbauern und gerecht behandelte Baumwollpflückerinnen. Unternehmen werden ihre Produkte und Dienstleistungen danach ausrichten müssen. Unternehmerische Verantwortung wird immer mehr zu einem „Gegenpol der Rentabilität", bringt es Philip Kotler auf den Punkt.[51]

Die Herausforderung besteht darin, diese Werte nicht nur auf Hochglanzblättchen zu drucken, sondern wirklich zu leben. Denn das schönste Marketing nutzt nichts, wenn Werte und Philanthropie nicht von der Firmenführung vorgelebt und von den Mitarbeitern weitergetragen werden. Mitarbeiter sind die Vermarkter und Vermittler der unternehmerischen Sinn-Vision. Auch Vertriebspartner und Lieferanten spielen in dieser Hinsicht eine wichtige Rolle. Wertorientiertes Handeln lässt sich nicht durch punktuelle Spenden oder ein paar gemeinnützige Projekte abhaken. Die Kunden eines Unternehmens spüren im Idealfall, dass sie in das gemeinnützige Engagement miteinbezogen sind. Sie sollten das Gefühl haben: Kaufe beziehungsweise nutze ich das Produkt einer Firma, dann tue ich etwas Gutes – für die Umwelt, für die Menschen in meiner Region und/oder für die Menschen in Schwellenländern.

Exzellent anders

Wer aus der Masse der Konkurrenten herausstechen will, muss exzellent anders sein und er muss seine AndersArtigkeit als ganzheitliches System begreifen. Als ein System, in dem verschiedene Komponenten auf komplexe, aber ganz individuelle Art und Weise ineinandergreifen. Folgende Dimensionen der Exzellenz lassen sich unterscheiden:

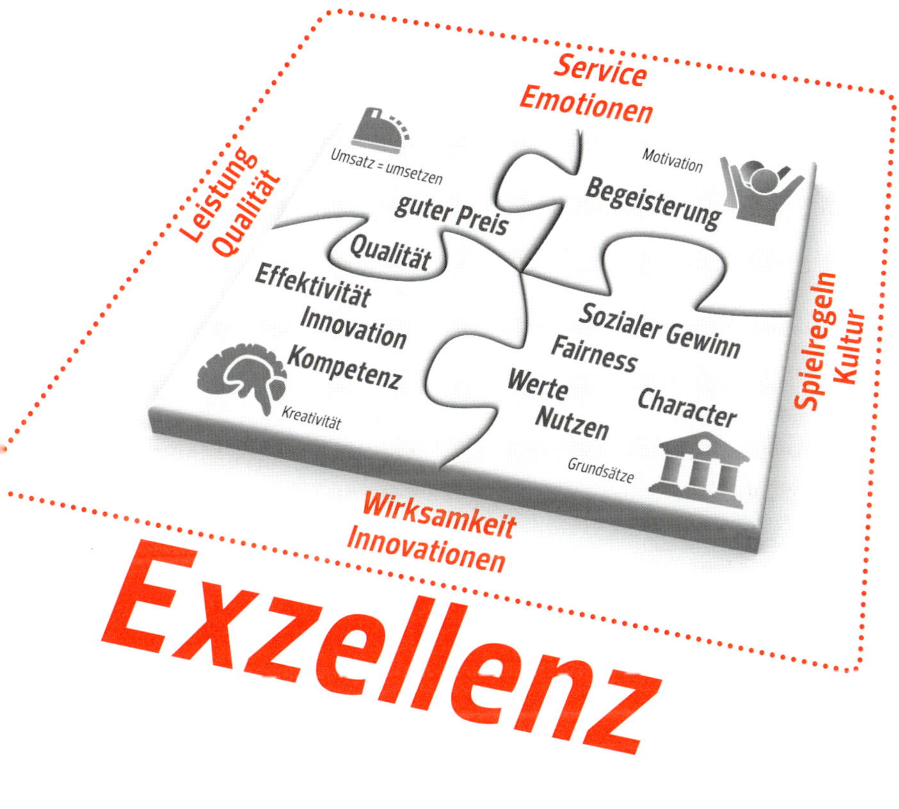

Der Umsatz (im Bild: die Kasse) steht für die körperliche (materielle) Dimension eines Unternehmens. Realisierte Ideen, Ziele und Visionen führen zu einem positiven Umsatz. Zu einem funktionierenden Unternehmen gehören dann auch erfreuliche Gewinne. Die Grundlage hoher Gewinne sind die Attraktivität für die Kunden (wir bieten das Richtige an), die Effizienz (wir machen unsere Arbeit richtig), die Qualität (wir arbeiten exzellent) und ein guter Preis.

Die Kreativität (im Bild: das Gehirn) unserer Mitarbeiter steht für die Dimension des Geistes. Exzellente Unternehmen sind kreativ und kompetent. Aus Kreativität und Kompetenz entsteht Innovation. Leistung und Qualität entstehen aus dem Zusammenspiel der körperlichen und geistigen Dimension. Jedes Unternehmen muss sie jeden Tag aufs Neue unter Beweis stellen.

Begeisterung (im Bild: jubelnde Mitarbeiter) macht das Herz eines Unternehmens aus. In Kombination mit der körperlichen Dimension (dem Umsatz) sorgt sie für guten Service und für Emotionen bei den Kunden. In Verbindung mit der seelischen Dimension (den Grundsätzen) entstehen gelebte Spielregeln und eine Kultur, die auch nach außen ausstrahlt.

Grundsätze (im Bild: die Säulen) stehen für die seelische Dimension eines Unternehmens. Sie spiegelt sich in sozialem Gewinn und in einer lebendigen Ethik wider. Dieser Faktor der Exzellenz wird gegenwärtig immer wichtiger, denn unsere Kunden interessieren sich immer weniger für das „Was" (das Produkt) und immer mehr für das „Wie" (das, was hinter dem Produkt steht).

- **Kunden suchen heute ganzheitliche Exzellenz.**
- **Kunden wollen keine Marken kaufen, sondern ihnen beitreten.**
- **Kunden wollen sich mit Unternehmen identifizieren.**

Erfolg mit Geschichte

Der spezifische Erfolg eines Unternehmens ist immer von dessen individueller Entstehungsgeschichte geprägt. Das Modelabel Fred Perry ist dafür ein exzellentes Beispiel. Die Geschichte beginnt damit, dass es wirklich einen Mann namens Fred Perry gab: 1909 im englischen Stockport als Sohn eines Baumwollspinners geboren, gewann er 1934 bis 1936 dreimal in Folge das Turnier von Wimbledon und war damit Englands erster Tennisstar aus der Arbeiterklasse. „Ich war das dreckige Arbeiterkind, das ihr weißes Tennis beschmutzte", soll er einmal über sich selbst gesagt haben.[52] Als Profispieler zog es ihn in die USA, er freundete sich mit Filmstars wie Charlie Chaplin und Groucho Marx an, ging mit Marlene Dietrich und Jean Harlow aus und genoss das Leben als flamboyanter Lebemann.[53]

1948 lernte Perry den österreichischen Textilunternehmer Theodor Wegner kennen, mit dem er 1952 die Modefirma Fred Perry gründete. Sie produzierten zunächst ein Schweißband, dann ein weißes Poloshirt. Fred Perry nutzte seine Kontakte, um seine Shirts mit dem Lorbeerkranz bekannt zu machen. Englische Tennisspieler trugen sie in Wimbledon, Charlton Heston sowie Bing Crosby in den USA und sogar die britische Königsfamilie, John F. Kennedy und der japanische Kronprinz schmückten sich mit seinen Hemden. Heute wären diese prominenten Markenbotschafter klassische Celebrity Testimonials, damals war es eine neue, clevere – einfach andersArtige Marketing-Strategie.

Das aggressive Product-Placement von Fred Perry wurde begleitet von einflussreichen Jugendbewegungen, die über mehrere Jahre die Marke für sich entdeckten. Anfang der 1990er Jahre gab es den Einbruch: Junge Käufer blieben aus, das Lorbeerkranz-Logo prangte nur noch auf der Brust älterer Herren. 1995 verkaufte der amerikanische Konzern Figgie International, der die Marke 1973 übernommen hatte, Fred Perry an den japanischen Lizenznehmer Hit Union. Hit Union entschied sich, die Tradition der Marke Fred Perry zu stärken und sie gleichzeitig neu zu erfinden. Zunächst durften die japanischen Avantgardisten von Comme des Garçons einige Schnitte neu interpretieren, dann der belgische Designer Raf Simons, der auch Creative Director bei Jil Sander war.

Heute sind Polos von Fred Perry in Luxusläden wie Colette, Selfridges oder Bergdorf Goodman, in Deutschland bei Peek & Cloppenburg oder im KaDeWe in Berlin zu finden. Die Marke scheint wieder erfolgreich dazustehen. Schätzungen gehen von 100 Millionen Dollar Jahresumsatz aus, 80 Prozent davon mit den klassischen Polohemden.

Erfinden Sie sich permanent neu, bleiben Sie sich aber immer treu.

Alte Bilder für schnelle Maschen

Es verwundert nicht, dass gerade Modemacher in den letzten Jahren ins Archiv eintauchen, sich neu erfinden und sich dabei trotzdem treu bleiben. Kaum eine andere Branche erhält ein derartig unmittelbares Feedback auf bereits minimale Imageänderungen: Mode dreht sich immer schneller, inzwischen meist mit zwölf Kollektionen pro Jahr.[54]

Betrachten wir zunächst einmal die Preispolitik in dieser Branche: Ein ganz einfaches Poloshirt aus knapp 250 Gramm Baumwolle, Kragen und Bündchen gerippt, zwei oder drei Knöpfen und einem auf die Brust gestickten Logo kostet bei H&M weniger als 20 Euro – im Fred-Perry-Shop hingegen ca. 90 Euro. Um ein Baumwollhemdchen für 90 statt 20 Euro zu verkaufen, müssen Modemarken das bisschen Stoff mit Geschichten aufladen! Bei Polo Ralph Lauren ist es der Traum vom Traditional Old England, bei Bellstaff die Mystik des Schauspielers Steve McQueen („The Cool Cat“) und bei Hilfinger die Freiheit des Segelns.

Modemarken sind flüchtige Kunstwesen, denen man immer wieder eine Persönlichkeit aufdrücken muss. Genau deshalb entdeckt so ziemlich jedes Label sein Erbe immer wieder neu: Während Adidas alte Designs als „Originals“ neu herausbringt, führt Levi’s Journalisten ins firmeneigene Jeans-Museum und Wolfgang Joops junge Marke Wunderkind hat in Berlin einen „Vintage“-Shop eröffnet, in dem die Entwürfe der vorletzten Saison wie Klassiker ausgestellt werden.

Nicht nur Marketingleute, sondern auch Designer steigen in Film- und Fotoarchive ein und freuen sich diebisch, wenn sie Beispiele einer ikonografischen Aneignung des Produkts finden: Richard Gere als „American Gigolo“ in Armani, Rapper von Run DMC in Adidas oder Liam Gallagher in Fred-Perry-Klamotten.

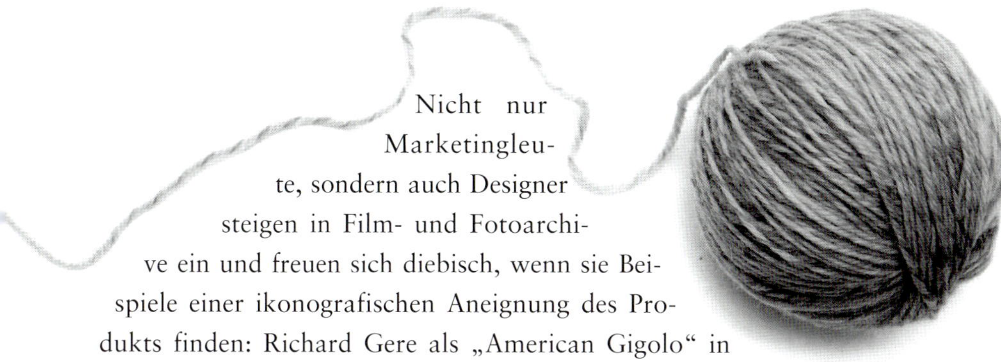

Weil die Kunden von Fast-Fashion-Ketten wie Cos oder ZARA gelernt haben, dass es aktuelle Designs in vernünftiger Qualität zu fairen Preisen heute fast überall gibt, muss eine Modemarke es schaffen, Mehrwert zu bieten. Anders-Artigkeit ist gefragt und gerade in der Modebranche gibt es zahlreiche Erfolgsbeispiele, von denen Sie sich AndersArtigkeit abschauen können: Neben der Zugehörigkeit zu einem bestimmten Lebensstil sind es der Innovationsgrad, die stilistische Führung der Marke, die jeweilige Hingabe an das Produkt und die qualitative Exzellenz bei nachvollziehbaren Preisen. Das macht beispielsweise Fred Perry, Abercrombie & Fitch sowie ZARA zu den großen Gewinnern auf dem Modemarkt: Die Sachen sehen gut aus, sind ordentlich verarbeitet, nicht zu teuer und die Geschichte zum jeweiligen Lebensstil lässt sich auch gut erzählen.

Die wahren Gründe, warum es eine Marke noch gibt, können längst vergessen sein: Wichtig ist die neue AndersArtigkeit bestimmter Markenwerte, auf denen eine entsprechende Plattform gebaut wird – bei Fred Perry war es beispielsweise das Produkt, der Sport und die Musik. Danach scheint alles ganz einfach: Entwicklung des Marketing-Konzepts, schließlich dessen Umsetzung in den entsprechenden Marketingaktivitäten und die Kommunikation der Markenwerte.

Erfolg ist ganzheitlich, AndersArtigkeit auch.

Anders oder artig: Wo stehen Sie?

Jetzt verlassen wir die Tennisplätze des vergangenen Jahrhunderts und schauen auf Ihr Unternehmen – jetzt und hier:

- Wie andersArtig sind Sie?
- Wo sind Sie andersArtig?
- Und sind Sie anders genug?

Grundlage der Einschätzung ist der AndersArtigkeits-Index, den wir für dieses Buch entwickelt haben. Mit diesem Index können Sie die AndersArtigkeit Ihres Unternehmens unter vier klaren Perspektiven analysieren: Innovation, Marke, Organisation und Mitarbeiter. Diese Perspektiven entsprechen jeweils einem Teil der menschlichen Existenz (Ratio, Inspiration, Emotion, Körper) und lassen sich mit Hilfe dreier „Stellschrauben" beeinflussen. Doch bevor wir Ihnen den AndersArtigkeits-Index anhand einer übersichtlichen Grafik erläutern, möchten wir eine ganz wichtige Botschaft vorneweg schicken:

Sympathie macht erfolgreich

Wir sind der Meinung, dass 50 Prozent des Erfolgs durch Sympathie bestimmt werden, die anderen 50 Prozent durch Leistung. Von der Leistung wird erwartet, dass sie professionell und in guter Qualität erbracht wird, so dass der Kunde zufrieden ist. (Wobei heutzutage „zufrieden" – wie bereits erwähnt – nicht genug ist!)[55]

Sympathie sorgt weiterhin dafür, dass sich Ihre Kunden emotional an Ihre Mitarbeiter, an Ihr Produkt oder Ihre Marke binden. Sympathie ist es, die uns veranlasst, ein Restaurant erneut aufzusuchen, weil wir von dem zuvorkommenden Kellner, den wir kennen und mit Namen ansprechen können, besonders persönlich bedient werden.

Sympathie ist es, die Ihren Kunden das Geldausgeben leichter macht! Freundlichen Menschen gegenüber sind wir großzügiger, insbesondere aber auch toleranter. Wenn uns eine Person sympathisch ist, bewahren wir Ruhe und Gelassenheit, selbst dann, wenn ihr ein Fehler unterläuft. Ganz unbestritten ist die Sympathie auch der Grund, warum wir uns verlieben. Sympathische Menschen werden als attraktiver wahrgenommen, denn sie strahlen Wärme und Kraft aus und wirken erfolgreicher.

Deshalb raten wir Ihnen dringend, einmal darauf zu achten, wie häufig Ihre Mitarbeiter pro Tag lachen! Messen Sie diesem Wert als Erfolgsfaktor eine große Bedeutung zu, falls Sie ihn bislang vernachlässigt haben. Und ändern Sie um Gottes Willen Ihre Unternehmenskultur, wenn Ihre Mitarbeiter so gut wie niemals lächeln. Noch etwas: Gehen Sie so weit, Spaß und Glück in Ihre Unternehmensziele und -visionen aufzunehmen. Sie werden sehen, dass es sich auszahlt. Viele kluge Unternehmer haben das längst begriffen und so etwas wie Lebensfreude in ihren Claim aufgenommen: Edeka mit „Wir lieben Lebensmittel", BMW mit „Aus Freude am Fahren", McDonald's mit „Ich liebe es" oder – ganz simpel, aber effektiv – RTL II mit „It's fun". Die Liste der Beispiele ließe sich noch seitenweise fortsetzen. Wollen Sie nicht auch dabei sein?

Wie geschickt Sympathie für eine Marke und ein Unternehmen aufgebaut werden kann, zeigt das Beispiel des Katzenfutters „Whiskas“[56], das von der Mars GmbH in Verden an der Aller hergestellt wird: Um Katzenfreunde emotional darin zu bestärken, dass ihre Stubentiger ganz reizend sind, und um ihnen das gute Gefühl mitzugeben, dass Whiskas genau das richtige Futter für sie ist, bedient sich Mars neuer interaktiver Formen des Marketings: Eine der jüngsten Aktionen hieß beispielsweise „Happy Cat Moments“: Kunden wurden aufgefordert, glückliche Augenblicke mit ihren Katzen im Bild festzuhalten. 3.000 Menschen beteiligten sich, die besten Spots sind im Internet zu bewundern.

Was andere Marken mühsam versuchen – nämlich Sympathie zu wecken und eine emotionale Bindung zur Kundschaft herzustellen –, funktioniert bei Whiskas fast wie von selbst. So hat etwa eine Kundin eine mehrseitige Anleitung verfasst, mit der man aus leeren Whiskas-Dosen putzige Katzenfiguren basteln kann. Den engen Kontakt zu Frauchen und Herrchen pflegt Whiskas mit großem Aufwand: So verfügt man über eine gut gepflegte Datenbank, deren Basis noch aus der Zeit stammt, als Whiskas mit der Katzenwelt ein eigenes Magazin in Millionenauflage herausbrachte, das aber aus Kostengründen eingestellt wurde.

Der AndersArtigkeits-Index

„Es gibt viele Wege zur Andersartigkeit – angefangen von der Änderung von Spielregeln bis hin zur Durchsetzung von Kostenvorteilen.“[57]

Heribert Meffert

Werfen wir nun einen Blick auf den AndersArtigkeits-Index, der Ihnen die unterschiedlichen Wege aufzeigt, Ihr Unternehmen zu positionieren.

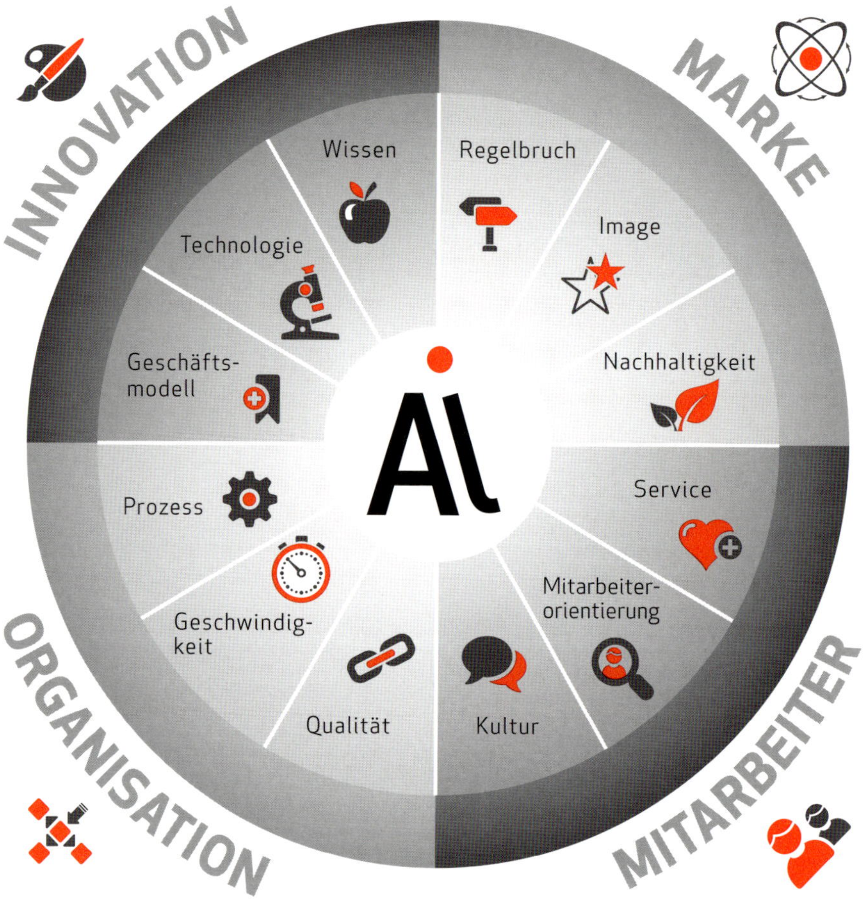

Der AndersArtigkeits-Index

AndersArtigkeit und der aus ihr resultierende Erfolg sind individuell. Doch zustande kommen sie durch ein komplexes Zusammenspiel von Faktoren, die bei allen Unternehmungen zu finden sind. Diese Faktoren werden im AndersArtigkeits-Index durch die zwölf „Tortenstücke" repräsentiert, wobei die ganze „Torte" das ganzheitliche System der AndersArtigkeit widerspiegelt.

Innovation: Betrachten Sie Ihr Unternehmen erstens rational, aus der Perspektive des Verstandes: Entscheidende Triebkräfte und „Stellschrauben“ sind hier das Geschäftsmodell, die zur Verfügung stehende Technologie sowie das Wissen, das Ihnen und Ihrem Vorhaben zugänglich ist. Drei „Stellschrauben“, deren Veränderung AndersArtigkeit für Ihr Unternehmen generieren kann – und damit den gewünschten Erfolg. Diese rationale, verstandesmäßige Positionierung Ihres Unternehmens lässt sich insgesamt als Teilbereich der Innovation zusammenfassen.

Organisation: Zweitens erlaubt der AndersArtigkeits-Index die methodische Betrachtung Ihres Unternehmens. Hier geht es um die Organisation – oder, um weiter das Sinnbild des Menschen zu nutzen: Hier geht es nicht um den Verstand, sondern um den Körper, seinen gesundheitlichen Zustand sowie die Art und Weise seiner Handlungen. Wirtschaftlich gesehen geht es hier um Varianzen in der Geschwindigkeit, im Prozessablauf und in der Qualität der herzustellenden Produkte und Dienstleistungen.

Mitarbeiter: Drittens erreichen Sie AndersArtigkeit auf der Ebene der Gefühle. Wenn es um Emotionen geht, spielen immer auch Ihre Mitarbeiter eine entscheidende Rolle: Wie ist die Unternehmenskultur, die sich auf Arbeitsklima und Arbeitsleistung Ihrer Mitarbeiter auswirkt? Wie ist das Führungsverhalten in Ihrem Unternehmen und damit die Mitarbeiterorientierung? Und nicht zuletzt die Frage nach dem Service: Seine Qualität garantiert nicht nur die emotionale Bindung der Kunden an Ihr Unternehmen. Er entscheidet auch maßgeblich darüber, wie zufrieden Ihre Mitarbeiter mit ihrer Arbeit und ihren Produkten sind. Und beeinflussen damit wiederum die Zufriedenheit der Kunden.

Marke: Als inspirierendes Unternehmen können Sie Ihre Marke beeinflussen, formen, charakterisieren – kurz: mit AndersArtigkeit aufladen. Wie bereits im vorherigen Kapitel ausgeführt, spielen hier Werte wie

Nachhaltigkeit, das Image eines Unternehmens und die Entscheidung für oder gegen einen Regelbruch die ganz entscheidenden Rollen. Auf den folgenden Seiten drehen wir uns gemeinsam durch den kompletten Index und schauen uns zu jeder der zwölf Stellschrauben prägnante Aspekte und Beispiele an. Wenn Ihnen dabei nicht schwindelig wird, haben Sie gute Chancen, Ihre eigene Positionierung zu erkennen. (Tatsächlich müssen Sie sich in den meisten Fällen nicht komplett neu und anders erfinden. Ansätze sind immer schon da – Sie müssen Sie nur freilegen und für alle sichtbar machen.)

Das inspirierende Unternehmen:

Wie stark ist Ihre Marke?

„Oftmals kommt Andersartigkeit von Außenseitern. Von Unternehmern und Unternehmen, die Regeln brechen ... neue Regeln und Grenzen definieren ... einfach von anderen Vorstellungen kommen ...“[58]

Heribert Meffert

AndersArtigkeit über Regelbrüche

Der Erfolg von Unternehmen, die alles anders machen als die anderen, die bestehende Marktregeln nicht beachten oder ganz bewusst brechen, hat diesen Unternehmen in der Vergangenheit wiederholt recht gegeben.

Das Modeunternehmen Abercrombie & Fitch (A&F) zum Beispiel verstößt gegen generelle, traditionelle Regeln der Einzelhandels-Branche. Wurde Erfolg im Einzelhandel bisher mit großzügigen Schaufenstern, einer hellen, gut strukturierten und ansprechenden Auslage im Geschäft, freundlichem, nachfragendem Verkaufspersonal und leichter Hintergrundmusik in Zusammenhang gebracht, so macht A&F diesbezüglich alles anders: Bretter vor den Schaufenstern, dunkles Ambiente im Store, der – auch aufgrund der lauten Musik – eher einer Disko gleicht, leicht bekleidetes Verkaufspersonal, das sich aber nicht anbiedert, sondern durch eine freundliche, zurückhaltende Art zum Kauf animiert: All das resultiert darin, dass inzwischen auf der 5th Avenue in New York die Menschenschlangen gruppenweise durch den A&F-Laden geschleust werden müssen.

Brechen Sie ungeschriebene Regeln und schaffen Sie dadurch neue Wettbewerbsvorteile!

AndersArtigkeit über Image

Zwei Forscher der University of Applied Science in Mainz haben bereits vor einigen Jahren nachgewiesen, wie wichtig das Unternehmensimage für den wirtschaftlichen Erfolg ist.[59] Eine Analyse der Kommunikationsleistungen und Umsatzergebnisse verschiedener Finanzunternehmen ergab: Ein positives Image hilft nachweislich, den wirtschaftlichen Erfolg zu steigern – und zwar um bis zu 50 Prozent!

Ein stabiles und positives öffentliches Bild hat sichtbaren Einfluss auf den wirtschaftlichen Erfolg eines Unternehmens, weil sich Kunden und Mitarbeiter, Aktionäre und Geschäftspartner daran orientierten. Wer die Öffentlichkeit heute und morgen überzeugen kann, den belohnt spätestens übermorgen der Markt! Auf Dauer kann niemand erfolgreich sein, der sein Image in der Mediengesellschaft leichtfertig verspielt. Nutzen Sie deshalb auch die Imagebildung als einen der entscheidenden Faktoren zum Aufbau von AndersArtigkeit. Auf die Bedeutung von inneren Markenbildern in diesem Zusammenhang sind wir bereits in Kapitel ll ausführlich eingegangen.

Ein positives Image beschleunigt wirtschaftlichen Erfolg!

AndersArtigkeit über Nachhaltigkeit

AndersArtig über Nachhaltigkeit – dafür steht das „Ferienart Resort & Spa“ in Saas-Fee in der Schweiz: Hier können Sie als Gast ein rundum andersArtiges 5-Sterne-Hotel und ganzheitlichen alpinen Feriengenuss mit Gastronomie, Wellness, Kultur und Nachhaltigkeit in kunstbetonter Szenerie erleben. Vor Ort erzählt Ihnen der Hotelchef und Miteigentümer Beat Anthamatten stolz von seiner Nachhaltigkeitspolitik, die er liebevoll „Enkeltauglichkeitspolitik“ nennt. Und schon allein mit diesem Begriff öffnet er die Herzen der Gäste und setzt neue Maßstäbe. Sie dürfen als Gast erleben, wie sich das „Ferienart Resort und Spa“ auf allen Ebenen für die Umwelt einsetzt. Ein eigens installiertes Ökoteam überwacht die Umsetzung aller Vorschläge und auch deren Wirksamkeit. Hier nur ein kleiner Auszug aus dem Umweltprogramm des Luxus-Hotels:

„Ferienart Resort und Spa“

- hält sich an ein internes Abfallentsorgungskonzept und setzt sich aktiv dafür ein, Abfall zu vermindern.
- verringert den Gebrauch von chemisch verunreinigten Produkten und ersetzt diese durch gesündere, umweltschonende.
- führt eine Energie-Buchhaltung, um Messgrößen festzuhalten, zu analysieren und den Verbrauch von Energie, Wasser und Öl zu vermindern, ohne die Gästezufriedenheit zu beeinträchtigen.
- unterstützt seine „Ökochefs“ aktiv beim Festlegen der monatlichen Ziele und beteiligt sich an deren Erreichung.
- informiert und kommuniziert transparent – das Thema Nachhaltigkeit ist ein fixer Bestandteil der Kommunikation und wird in Team-Meetings, Öko-Meetings und Eintrittsgesprächen transportiert.

Aber nicht nur die Mitarbeiter werden zum nachhaltigen Handeln aufgefordert, auch die Gäste werden in Anthamattens „Enkeltauglichkeitspolitik" miteinbezogen. So fordert Wallo, der Hausgeist des Hotels, die kleinen Gäste auf, einen Umwelt-Tipp abzugeben, den sie selbst dann auch künftig beherzigen müssen – damit angefangen, das Licht auszuschalten, wenn man den Raum verlässt, bis dahin, den Wasserhahn nur so lange zu öffnen, wie man den Wasserstrahl auch wirklich benötigt. Für jeden abgegebenen Umwelt-Tipp der kleinen Gäste spendet das Hotel einen Schweizer Fränkli an eine ausgewählte Umweltstiftung. Wir sagen: Dieses Marken-Konzept ist wirklich nachhaltig!

Dass sich Nachhaltigkeit als Image-Faktor in barer Münze auszahlt, beweist sogar ein Blick auf die Schwellen- und Entwicklungsländer: Immer mehr Unternehmen sind auch dort bereit, soziale und ökologische Verantwortung zu übernehmen. Diesen Trend bestätigt auch eine Untersuchung von SustainAbility, einem unabhängigen Strategie- und Beratungsunternehmen aus London. In seiner 2010 erschienenen Studie „Market Movers" werden exemplarisch vier Unternehmen aus Asien und Lateinamerika vorgestellt, die sich durch ihr nachhaltiges Wirtschaften von der Konkurrenz unterscheiden und sich so Marktvorteile verschafften: Die MAS Holding beispielsweise, ein Textilhersteller aus Sri Lanka, setzt bereits seit 20 Jahren auf gute Arbeitsbedingungen, faire Löhne und Programme zur Frauenförderung. Trotz billigerer Konkurrenz aus China und Bangladesch konnte sich das Unternehmen auf dem internationalen Markt behaupten und fertigt heute für Triumph, Adidas und Gap.

Ein weiteres Beispiel ist der Unternehmer Zhong Kaimin aus Peking, der Bio-Eier für den regionalen Markt produziert. Schon bevor die Seuchen SARS und Vogelgrippe in China grassierten, war dem Unternehmer Qualität, Tier- und Umweltschutz wichtig. Obwohl sein Produkt dreimal so teuer ist wie ein chinesisches Standard-Ei, wuchsen seine Umsätze zwischen 2002 und 2006 jährlich um hundert Prozent.

Setzen Sie sich durch Nachhaltigkeit
von Ihren Wettbewerbern ab!

Das emotionale Unternehmen:

Wie mitarbeiterbezogen ist Ihr Unternehmen?

Nichts prägt das Bild Ihres Unternehmens stärker als Ihre Mitarbeiter. Wie Ihre Führungskräfte mit ihren Mitarbeitern zusammenarbeiten entspricht eben auch der Art und Weise, wie diese mit Ihren Kunden umgehen. Führen Sie Ihre Mitarbeiter mithilfe von Regeln und Anweisungen, dann werden sie diese Regeln auch befolgen und Ihre Kunden dementsprechend behandeln. Wenn klare Verantwortlichkeiten und Pflichtenhefte in Ihrem Unternehmen wichtig sind, werden Ihre Mitarbeiter diese erfüllen – und arbeiten, weil sie zuständig sind und nicht, um ein Problem zu lösen. Wenn Sie Ihre Verkäufer mit ausgefeilten Bonus- und Provisionsplänen motivieren, werden diese auch ihre Beratung nach dem Bonusplan ausrichten und nicht nach dem Kunden. Mitarbeiter müssen vollkommen von den Leistungen ihres Unternehmens überzeugt sein, erst dann können sie diese Überzeugung auch auf den Kunden übertragen! Wenn eine Verkäuferin in einem Reformhaus privat nur günstige Supermarktprodukte einkauft und verzehrt, wie soll sie dann einen Kunden authentisch von Reformhausprodukten überzeugen können? Wie soll ein Verkäufer in einem Autohaus, dessen Autos das Doppelte kosten wie die der Konkurrenz, aber seiner Ansicht nach nicht viel mehr können, bei Preisverhandlungen seine Kunden überzeugen können?

Überzeugung und Identifikation lassen sich nicht diktieren – weder dem Mitarbeiter noch dem Kunden. Die Erfahrung aber zeigt: Wenn Sie sich gemeinsam mit Ihren Mitarbeitern intensiv mit den Bedürfnissen und Wünschen der Kunden auseinandersetzen und in Folge nachvollziehbar machen, warum die eigenen Leistungen so wertvoll sind, werden Sie auch hohe Preise durchsetzen können. Sie sind gefordert, die Voraussetzungen dafür zu schaffen, dass sich Ihre Mitarbeiter mit Ihren Produkten sowie Ihrem Unternehmen identifizieren und sich dafür mit all ihren Stärken einsetzen.[60]

Fragen Sie sich: Gelingt es Ihnen, Ihre Mitarbeiter für eine gemeinsame Aufgabe zu gewinnen?

Übrigens wird den sozialen Medien im Mitarbeiterumgang mittlerweile eine zentrale Rolle zugesprochen: Denn wie innovativ und zukunftsfähig ein Unternehmen in Zukunft sein wird, hängt entscheidend davon ab, wie frei das Wissen intern zirkulieren und in welchem Ausmaß kommunikativer Austausch stattfinden darf. Und dafür bieten soziale Netzwerke die geeignete Plattform. Eine offene, kreative Unternehmenskultur birgt große Chancen und bietet Mitarbeitern größere Freiheiten. Das Ziel muss laut Experten eine Demokratisierung der Kommunikation sein, die sich durch „laute Vielstimmigkeit und gnadenlose Transparenz" auszeichnet, wie der Konzernsprecher der Otto Group, Thomas Voigt, kürzlich in einem Interview mit der Marketing-Zeitung *Horizont* äußerte. Nur wer es künftig schafft, Kontrolle abzugeben und Vertrauen zu schenken, kann sich das Social-Media-Know-how seiner Mitarbeiter zunutze machen, um eine zukunftsfähige Unternehmenskultur zu entwickeln.

AndersArtigkeit über Service

Wer heute als modernes, serviceorientiertes Unternehmen auftreten und sich auf diese Weise von Konkurrenzunternehmen absetzen will, muss die folgende – schlichte, aber von vielen noch nicht akzeptierte – Wahrheit verinnerlichen: Der Konkurrenzkampf zwischen Wettbewerbern spielt sich im Kopf des Kunden ab. Nirgendwo sonst! Dessen Sicht der Dinge ist als wichtigstes Element des Marketings neu entdeckt worden, und so schwer dies manchmal zu verstehen ist: Die gleichen Leistungen können sehr unterschiedlich wahrgenommen werden. Das Schlüsselwort dabei lautet Service.

Natürlich prägen die Leistungen sowie die Art und Weise, wie sie erbracht werden, das Bild eines Unternehmens beim Kunden. Im positiven Fall vermittelt das Marketing ein Leistungsversprechen, das auch eingehalten werden kann, und schafft damit Vertrauen. Als immer wichtiger, weil prägend, entpuppen sich die vielen Kontaktpunkte, durch die der Kunde mit dem Unternehmen in Berührung kommt: die Rechnung, die ihm geschickt wird; die Offerte, die genauso aussieht wie die der Konkurrenz, aber im Preis höher liegt; die Mails und die Briefe, die dem Kunden deutlicher als jeder Prospekt zeigen, ob man auf seine Anliegen eingeht und wie wertvoll er für den Absender ist. Zwischen den Zeilen wird in Gebrauchsanweisungen, im Briefverkehr und auf der Homepage so manches unbewusst erzählt, was der Kunde wissen will. Und ob es dem Absender gefällt oder nicht, der Kunde interpretiert diese Botschaften und zieht seine Schlüsse daraus. Nicht von ungefähr hat eine große Anzahl von Unternehmen die Bedeutung dieser Botschaftsüberbringer erkannt, analysiert sie und beurteilt, ob sie dem Kunden wirklich das erzählen, was sie gerne möchten.

Gute Leistung ist in den meisten Fällen nicht nur ein bisschen teurer als der Durchschnitt. Außergewöhnlich Gutes ist meist deutlich teurer und manchmal nur für den doppelten oder dreifachen Preis zu haben. Doch weiß der Kunde über den Mehrwert, den er erhält, Bescheid und erkennt er den Nutzen, der für ihn damit verbunden ist? Und wenn nicht, wer erzählt es ihm, wenn nicht das Unternehmen, das diese guten Leistungen verkaufen möchte? Es ist oft erschreckend, wie wenig sich Unternehmen mit herausragenden Leistungen um ihre Kommunikation kümmern und wie wenig professionell sie diese betreiben bzw. diese ganz ihrer Agentur überlassen.[61]

Geben Sie Ihren Kunden das Gefühl, etwas Besonderes zu sein!

BMW zum Beispiel schafft es, seine Emotionalisierungsstrategie auf der gesamten Linie perfekt zu inszenieren – von der Werbung bis hin zum Service. So emotionalisiert nicht nur die Werbekampagne „Is it Love“ die Beziehung

Mit

von Mini-Fahrern zu ihrem Auto und weckt damit das Interesse möglicher Kunden. Ein „Oho!"-Beispiel einer Mini-Werkstatt in München zeigt, dass die Emotionalisierung auch im Service perfekt umgesetzt wird: Nachdem der Mini meiner (Silvies) Freundin – sie nennt ihn zärtlich „Mein Liebster" – zu einer großen Inspektion in die Werkstatt musste, lag bei der Abholung ihres „Liebsten" auf dem Lenkrad ein Schild, auf dem Folgendes stand: „Ich habe dich vermisst!" Diese kleine Aufmerksamkeit hat das Herz meiner Freundin so sehr berührt, dass sie die nächsten Tage, sogar Wochen – eigentlich bis zum heutigen Tag – diese Geschichte jedem erzählt, der sie hören will – oder auch nicht. Solche Kleinigkeiten dienen nicht nur der Kundenbindung und -pflege, sondern auch dem „Neugierigmachen" durch Mundpropaganda. Denn was ist authentischer als der Bericht eines Freundes oder Bekannten?[62]

Berühren Sie die Herzen Ihrer Kunden und sichern Sie sich deren Treue und Weiterempfehlung!

Mundpropaganda, Weiterempfehlung und Begeisterung durch Gäste spielt auch bei Hotels und hier besonders bei Seminarhotels eine große Rolle. Auch die Branche der Tagungen und Seminare befindet sich in einem harten Wettbewerb um attraktive Kunden. Wir selbst erleben diesen Markt sehr intensiv in der Situation als Gast und Kunde. Zwei Seminarhotels (stellvertretend für sehr viele andere) sind uns dabei in den letzten Jahren besonders aufgefallen:

Das Mintrops Burghotel in Essen begeistert immer wieder sowohl Seminarleiter als auch Teilnehmer, da es sich in besonderer Weise am Nutzen für seine Gäste orientiert. Der Nutzen für den Seminarleiter beginnt bereits bei der Anreise, indem eigene Parkplätze ganz in der Nähe der Seminarräume zur Verfügung stehen, so dass die Unterlagen nicht weit zu transportieren sind. Es gibt auf dem Parkplatz eine Servicestation für das Auto. Ein anderes Beispiel für einen besonderen Kundennutzen stellt die Bibliothek des Hotels dar, aus der sich jeder Gast Bücher ausleihen kann. Die Verblüffung ist perfekt, wenn Sie ein Buch, das Sie bei Ihrer Abreise aufgeschlagen liegen ließen, bei Ihrem nächsten Eintreffen auf Ihrem Nachttisch finden, mit einem Lesezeichen an der richtigen Stelle – mitsamt der Bemerkung „Viel Spaß beim Weiterlesen!". Jeder Mitarbeiter in diesem Hotel ist angehalten, sich Gedanken darüber zu machen, welchen besonderen Nutzen das Seminarhotel zusätzlich bieten kann. Das Ergebnis ist offensichtlich: Dieses Hotel zählt seit Jahren zu den besten Tagungshotels Deutschlands![63]

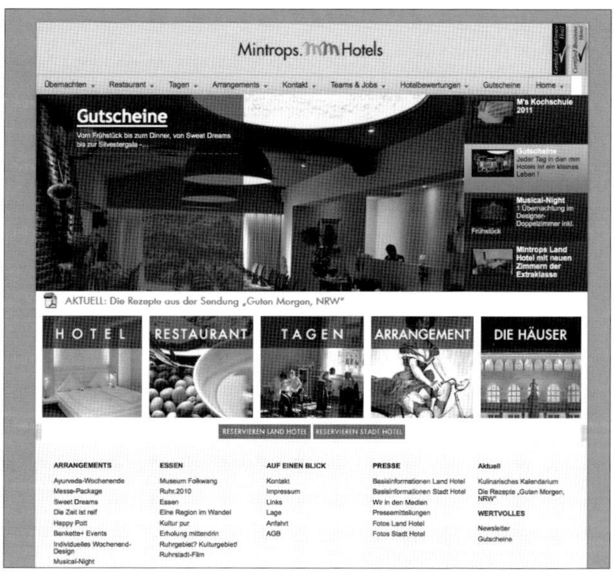

Quelle: www.mmhotels.de

Ein Seminarhotel, das den Titel „Seminarhotel des Jahres“ schon sieben Mal erhalten hat, ist der Schindlerhof in Nürnberg, geführt von Familie Kobjoll. Die Anfänge des Hotels liegen in dem Seminar UnternehmerEnergie, das Klaus Kobjoll vor über drei Jahrzehnten bei Josef Schmidt besuchte. Die Inhalte dieses Seminars können kaum nachhaltiger umgesetzt werden als dies im Schindlerhof geschehen ist, der in allen Kategorien für AndersArtigkeit steht: Herausragend sind der besonders herzliche Service, die permanenten Innovationen und die nachgewiesene Qualität (das Hotel ist Gewinner sämtlicher Qualitätspreise Europas). So wird etwa auch im Hinblick auf die Autos der Gäste ein Rundumservice geboten: Sie geben den Schlüssel Ihres Wagens an der Rezeption ab und am Abend erhalten Sie ihn innen wie außen gesäubert. Dass solcher Service etwas kosten darf, ist selbstverständlich, und die Gäste sind auch gerne bereit, dafür zu bezahlen. „Lösen Sie die Probleme Ihrer Kunden und Sie lösen immer auch Ihre eigenen“, hatte ja bereits Josef Schmidt damals im Seminar gesagt. Besonders mögen wir den sehr freundlichen und authentischen Geist dieses Hotels, der sich unter anderem darin zeigt, dass Sie auch von jenen Mitarbeitern, die Sie noch nie gesehen haben, selbstverständlich mit Ihrem Namen begrüßt werden. Sie können erahnen, welches Engagement da dahintersteht.[64]

Verblüffen Sie Ihre Kunden
und lassen Sie sie zu Ihren Fans werden!

AndersArtigkeit über Mitarbeiterorientierung

Die Gestaltung einer partnerschaftlichen und vertrauensvollen Unternehmenskultur liegt der BurgerGruppe, einem sehr erfolgreichen mittelständischen Hersteller von Antriebstechnologie aus dem Schwarzwald, sehr am Herzen – nicht nur in Bezug auf den Kunden, sondern insbesondere auch in Bezug auf seine Mitarbeiter! Von der Vision „Angenehm anders als alle anderen“ ausgehend, bekundet das Unternehmen, vorwiegend besondere Mitarbeiter zu beschäftigen, die eine besondere Ausbildung haben und besondere Arbeiten durchführen. „Wir haben besondere Ideen und produzieren besondere Produkte zu besonderen Preisen

in besonderer Qualität", heißt es auf der Homepage – und: „Bei uns steht der Mensch im Mittelpunkt des Handelns." „Angenehm anders" ist bei der BurgerGruppe vor allem das Projekt „HAPPY SHEEP": Das zunächst nur als Experiment aufgesetzte Projekt hat bundesweit für Schlagzeilen gesorgt. Entstanden aus der Suche nach einer Möglichkeit, den steilen Hang vor dem Betriebsgelände zu mähen, zählt seit 2006 eine Vielzahl von vom Aussterben bedrohter Wald- und Bergschafe zur BurgerGruppe. In Eigenregie haben die Auszubildenden den Stall konstruiert und gebaut, Zäune errichtet, einen Wasseranschluss gelegt und die Betreuung der Schafe – vom Schafdienst bis hin zu Tierarztterminen – übernommen und organisieren alles, was sonst noch so ansteht. Lehrlinge und Studenten misten regelmäßig den Stall aus und setzen die Zäune um. Zweimal im Jahr scheren sie die Tiere und spinnen sowie filzen die gewaschene Wolle unter Anleitung einer Bäuerin. Das meiste davon geschieht nach Feierabend und an den Wochenenden. Im Zuge der „Deutschlandinitiative: 365 Orte im Land der Ideen" organisierten die Auszubildenden einen „Tag der offenen Tür am Schafstall", zu dem knapp hundert Kindergartenkinder eingeladen waren, um in einem Spiel- und Lernparcours alles Wissenswerte und Interessante über das Projekt „HAPPY SHEEP" und die zwölf wolligen Mitglieder der BurgerGruppe zu erfahren.[65] Planung, Organisation, Umsetzung – jeder Auszubildende sucht sich seine Aufgaben. Der intensive Austausch miteinander fördert zudem die soziale Kompetenz untereinander.[66]

Was wir mit diesem Beispiel sagen wollen:
Sehen Sie Ihre Mitarbeiter im Mittelpunkt
und nicht Ihre Mitarbeiter als Mittel!

AndersArtigkeit über die Unternehmenskultur

Im Januar 2010 startete McDonald's eine außergewöhnliche Kampagne, bei der die eigenen Mitarbeiter im Mittelpunkt standen. In einer anonymen Mitarbeiterbefragung gaben 84 Prozent an, dass ihnen die Arbeit bei McDonald's Spaß mache – trotz allgemeinem Stress in der Gastronomie. Dies verkündeten die Mitarbeiter anschließend auch in einer Kampagne. Zunächst im TV, zeitversetzt dann auch in Zeitschriften und online, erzählten sie aus ihrem Arbeitsalltag und erklärten, weshalb das Unternehmen ein guter Arbeitgeber ist. Die McDonald's-Kampagne lebte von der Glaubwürdigkeit und Authentizität der „Darsteller" und wurde in der Öffentlichkeit sehr positiv aufgenommen. „Die Zufriedenheit unserer Mitarbeiter ist der beste Beweis für unsere Weiterentwicklung als Arbeitgeber", erklärte Wolfgang Goebel, Vorstand Personal McDonald's Deutschland. Aufgrund des Erfolgs der ersten Mitarbeiter-Kampagne folgte im Sommer 2010 die zweite Runde. Drei neue Protagonisten repräsentierten mit ihren unterschiedlichen Berufswegen die Vielfalt der Möglichkeiten bei McDonald's und erklärten, was sie an der Arbeit bei McDonald's begeistert.[67]

Das Beispiel der Hamburger-Kette zeigt, wie wichtig eine positive Unternehmenskultur für Ihren Erfolg ist – und welche Möglichkeiten sie bietet, andersArtig zu sein: Begeistern Sie Ihre Mitarbeiter durch Chancenvielfalt in Ihrem Unternehmen und die Geschäftszahlen werden Ihnen recht geben. Aber nicht nur die Vielfalt der Chancen in einem Unternehmen, sondern auch die Vielfalt der Menschen wirkt sich positiv auf den Unternehmenserfolg aus. Viele deutsche Unternehmen haben längst erkannt, dass sie davon profitieren, Menschen unterschiedlicher Herkunft und mit unterschiedlichem kulturellen Hintergrund zu beschäftigen. Mithilfe der Kenntnis verschiedener Sprachen und Kulturen innerhalb der Belegschaft können neue Märkte erschlossen, neue Kundengruppen angesprochen und die Attraktivität des Unternehmens an der Börse und für neue Mitarbeiterinnen und Mitarbeiter insgesamt gesteigert werden. Der gekonnte Umgang mit der Vielfalt der Mitarbeiterinnen und Mitarbeiter sowie Kundinnen und Kunden ist gerade in einer globalisierten Wirtschaft ein wichtiger Faktor für den Erfolg eines Unternehmens. Firmen, die in dieser Hinsicht auf einem guten Weg sind, setzen die Instrumente des „Diversity Managements" ein. Diversity Management toleriert nicht nur die individuelle Verschiedenheit der Mitarbeiter, sondern hebt diese im Sinne einer positiven Wertschätzung besonders hervor. Dieser Aspekt der Unternehmens- und Mitarbeiterführung ist aus unserer Sicht einer der Hauptgründe dafür, dass Deutschland Exportweltmeister in vielen Branchen ist, dass deutsche Firmen überall auf der Welt geachtete Handels- und Technologiepartner sind – und dass nicht zuletzt Deutschland die Wirtschaftskrise sehr gut überstanden hat.

Auch die Deutsche Bank sieht in Diversity eine zukunftsorientierte Geschäftsausrichtung, die sie fördert und stärkt. Josef Ackermann, CEO der Deutschen Bank, sagt dazu: „Unser Erfolg wird maßgeblich davon beeinflusst, wie wir unsere Vielfalt nutzen." Die Deutsche Bank investiert in Mentoring-Programme, Praktika für Studenten, Networking-Veranstaltungen, Corporate Sponsorships und Forschungsstudien, um nur ein paar Punkte zu nennen. Für die erfolgreichen Initiativen zum Thema Diversity erhielt das Unternehmen bereits zahlreiche Auszeichnungen. So wurde es im Mai 2007 mit dem Grundzertifikat für familienbewusste Personalpolitik im Rahmen des „auditberufundfamilie®" der Hertie-Stiftung ausgezeichnet. Zudem erhielt die Deutsche Bank mehrere Male die Auszeichnung als eines der 100 besten Unternehmen für berufstätige Mütter, die vom Working Mother Magazine verliehen wird.

AndersArtig ist hierbei nicht nur, dass sich ein „urdeutsches" Unternehmen für Vielfalt starkmacht, sondern auch, dass es sich – innerhalb einer konservativen Branche – für die Belange seiner homosexuellen Mitarbeiter einsetzt. Dies wurde unter anderem durch das gute Abschneiden bei einer Studie des Völklinger Kreises – des bundesweiten Berufsverbands schwuler Führungskräfte – bestätigt.[68]

Steigern Sie Ihren Erfolg durch Vielfalt!

Das Unternehmen als Organismus:

Wie gut ist Ihr Unternehmen organisiert?

Viele Vorteile für den Kunden und sehr viel AndersArtigkeit entstehen im Hintergrund eines Unternehmens, wo es eher um nüchterne Prozesse geht, um klar beschriebene Aufgaben und Verantwortlichkeiten, um Ordnung und Pünktlichkeit, also um die methodische Welt eines Unternehmens. Hier ist die Welt des Qualitätsmanagements, oder kurz des Managements, und die Welt der guten Organisation. Welche wahrnehmbaren Vorteile hat der Kunde von einer kundenorientierten Organisation? Er bekommt sehr gute Qualität, oft in kurzer Zeit und, bedingt durch gut durchdachte Prozesse, vielleicht auch inklusive andersArtiger Überraschungen. Wichtig hierbei ist eine gute Zusammenarbeit zwischen den einzelnen Abteilungen, die sich größtmöglichen Kundennutzen zum gemeinsamen Ziel setzen.

So schreibt Christian Belz, Geschäftsführender Direktor des Instituts für Marketing und Handel an der Universität St. Gallen, in seinem Buch *„Marketing gegen den Strom“:* „Entscheidend wird es sein, das Zusammenspiel zwischen Technik, Marketing und Vertrieb zu optimieren.“[69]

Das Familienunternehmen ddm hopt+schuler[70] produziert u.a. Kartenlesegeräte. In diesem Markt ist Geschwindigkeit neben dem Preis eine entscheidende Größe. Weil es diesem Unternehmen gelingt, die Innovationswünsche der Kunden in sehr kurzer Zeit zu bearbeiten und Prototypen wesentlich schneller zu entwickeln als die Konkurrenz, zieht es viele Aufträge an sich – auch in einem höheren Preissegment. Doch zeigt sich in diesem Unternehmen deutlich, wie aufwendig sich die Ausbildung und das Training der Mitarbeiter gestalten müssen, damit am Ende alle wirklich im Sinne des Kunden zusammenarbeiten. Doch nicht alle Unternehmen nehmen diese Mühen auf sich. Gearbeitet wird dann nicht Hand in Hand, vielmehr handeln Abteilungen und deren Mitarbeiter unabhängig voneinander – und somit nicht im Sinne des Kunden. Dieser erlebt folglich ein gewöhnliches und sicher kein andersArtiges Unternehmen. Wir sind fest davon überzeugt, dass viele Unternehmen in punkto abteilungsübergreifende Zusammenarbeit und Organisation noch sehr großes Potenzial haben. Dieses sollten sie nützen.

Qualität wird in transparenten Märkten zur Selbstverständlichkeit.

Dass Qualität heute zur Selbstverständlichkeit geworden ist, heißt noch lang nicht, dass sie weniger wichtig geworden wäre. Ganz im Gegenteil, sie ist sogar noch wichtiger geworden, denn wenn Produkte oder Dienstleistungen schlecht oder fehlerhaft sind, fällt das sofort auf und zieht negative Mund-zu-Mund-Propaganda nach sich. Kunden, die einst leidenschaftliche Fans waren, können auch zu leidenschaftlichen Gegnern einer Marke werden (wir hatten dies schon angesprochen). Dies ist übrigens die Kehrseite der Emotionalisierung, die noch zu wenig thematisiert wird. Je stärker ein Produkt oder ein Unternehmen mit positiven Gefühlen belegt ist, desto größer ist dann auch die Enttäuschung, wenn die Qualität der Grundleistung nicht stimmt oder der Preis nicht mehr als fair angesehen wird (siehe unser Beispiel mit der Autovermietung). Qualität ist und bleibt einer der wichtigsten Wettbewerbsfaktoren, auch wenn sie immer weniger zur AndersArtigkeit beiträgt.

Kommen wir aber auch zu den Prozessen innerhalb eines Unternehmens, die ja die Qualität der Produkte maßgeblich mitbestimmen. Oft können wir diese als Außenstehende gar nicht beurteilen, sondern leiten sie nur von andersArtigen Erlebnissen ab. Stellen Sie sich etwa vor, Sie mussten sich beim Zahnarzt einem etwas umfangreicheren Eingriff unterziehen. Dieser ist erfolgreich verlaufen und Ihnen geht es gut. Abends klingelt Ihr Handy, Ihr Zahnarzt ist am Telefon, um sich nach Ihrem Befinden zu erkundigen. Was würden Sie davon halten? Wahrscheinlich wären Sie positiv überrascht, da

Sie das „Sichkümmern“ als ein Element ärztlicher Qualität ansehen. Was er in Ihrem Mund genau gemacht hat, können Sie in der Regel nicht beurteilen, aber dennoch werden Sie diesen Arzt wahrscheinlich weiterempfehlen. Hinter solch professionellen Abläufen steckt übrigens ein klar strukturierter Prozess und vielleicht auch eine Checkliste. Durch einige methodische (und auch wenige emotionale) Schritte kann ein gutes Gefühl bei unseren Kunden erzeugt werden. Gehen Sie die Teilbereiche Prozesse, Geschwindigkeit und Qualität ganz konkret und praktisch in Ihrem Unternehmen durch und arbeiten Sie auch an der Verbesserung Ihrer Organisation, um andersArtig sein zu können – und damit erfolgreicher!

AndersArtigkeit über Qualität

Was Produktqualität für ein Unternehmen bedeuten kann, hat keine Branche so intensiv erlebt wie die Automobilbranche: In kaum einer anderen Sparte schlägt es sich so rasch im Unternehmenserfolg nieder, ob ein Betrieb Wert auf Qualität legt – oder eben nicht: Zuletzt bekam das im Jahr 2010 der Autobauer Toyota zu spüren. Erst veröffentlichte der deutsche TÜV seinen jährlichen Qualitätsreport, in dem die Ergebnisse von 7,5 Millionen durchgeführten Überprüfungen ausgewertet wurden. Mit 15 Top-Ten-Platzierungen war Toyota die mit Abstand zuverlässigste Marke! Doch bereits wenige Wochen später musste Toyota Millionen Autos zurückrufen – wegen möglicher Probleme mit dem Gaspedal. Vom Qualitäts-Musterschüler zum Prügelknaben: Diese Entwicklung kennt auch Mercedes-Benz. Nach einem Ausweichmanöver – dem legendären „Elchtest“ – kippte 1997 die A-Klasse um. Es gab weltweite Aufregung, Gelächter, panische Auto-Besitzer. Der Elchtest hielt Einzug in den allgemeinen Sprachgebrauch. Heute wissen wir, dass zwar die A-Klasse gefallen ist, nicht aber der Mercedes-Stern: Die Ingenieure des Herstellers lösten das Problem, indem sie ein neuartiges System namens ESP in die Wagen einbauten und den Weg für einen weltweiten Siegeszug des Stabilitätssystems frei machten. Dass die Verkehrsunfallzahlen heute weltweit nach unten tendieren, ist eine indirekte Folge der einstigen Elchtest-Rückrufaktion. Entscheidend ist, wie ein Unternehmen mit Pannen dieser Art umgeht. Dass die erwähnte

Rückrufaktion für Toyota überaus peinlich war, steht außer Zweifel. Sicher ist aber auch, dass der Autobauer seine Lehren daraus ziehen und mit Hochdruck daran arbeiten wird, das verlorene Kundenvertrauen zurückzugewinnen.[71] [72]

Rückrufe sollten immer als das bewertet werden, was sie sind: eine Maßnahme zur Qualitätssicherung. Übrigens wird im Schnitt im Automobilbereich alle drei Tage eine öffentliche Rückrufaktion gestartet! Dazu kommen zahlreiche sogenannte „stille Rückrufe", die während der normalen Serviceinspektion bei den Händlern abgearbeitet werden, ohne dass es der Kunde überhaupt bemerkt.

Setzen Sie frühzeitig auf Qualitätssicherung und generieren Sie dadurch Wettbewerbsvorteile!

AndersArtigkeit über Geschwindigkeit

Im Sommer 2010 starb der Gründer des Schweizer Uhrenherstellers Swatch, Nicolas G. Hayek, mit 82 Jahren an einem Herzinfarkt. Hayek sei „völlig unerwartet während der Arbeit in seiner geliebten Swatch Group" gestorben, teilte das Unternehmen mit. Der umtriebige und blitzgescheite Unternehmer war seit Jahrzehnten am Puls der Zeit, stets reagierte er prompt auf aktuelle Geschäftstrends. Für uns ist Nicolas G. Hayek ein Pionier der AndersArtigkeit über Geschwindigkeit. Um dies zu erläutern machen wir einen Zeitsprung 30 Jahre zurück: Hayek gilt nämlich als Retter der Schweizer Uhrenindustrie. In den siebziger und achtziger Jahren des 20. Jahrhunderts hatte die Branche Probleme, günstige und gleichzeitig zuverlässige Uhren zu bauen. Hayek setzte auf die Quarz-Technologie und ließ sie in die bunten Plastikuhren einsetzen, die in ihrem Design unmittelbar auf aktuelle Trends reagierten, deren Kollektionen schnell ausgetauscht und erneuert wurden – und die rasch weltweit beliebt wurden. An der Swatch Group, die zuvor „Gesellschaft für Mikroelektronik und Uhrenindustrie" (SMH) hieß, übernahm Hayek 1985 mithilfe eines Bankenkredits die Mehrheit. Unter der Führung Hayeks wuchs die Gruppe dann kontinuierlich zum weltgrößten Uhrenkonzern. Die Swatch, die am 1. März 1983 auf den Markt kam, traf genau den Zeitgeist und bildete ihn mit maximaler Geschwindigkeit ab! Dabei galt sie, als sie in Zürich vorgestellt wurde, noch als „unmögliche Uhr". Zwölf Modelle waren es, die ab Herbst 1983 einheitlich 50 Franken kosteten. Inzwischen existieren rund 5.000 Modelle und insgesamt wurden bisher etwa 370 Millionen Stück produziert. Hayek sah seine Uhren nicht als wertvolle Einzelstücke für ein ganzes Leben, vielmehr sollten sie je nach Gemütszustand, Jahreszeit, Stimmung, Umgebung oder Klima schnell und unkompliziert austauschbar sein. Im Jahr 1998 taufte Hayek die SMH in Swatch Group AG um. Zu ihr gehören mittlerweile auch Luxusmarken wie Breguet und Blancpain und die deutsche Glashütte Original.[73]

Ein weiteres Beispiel für AndersArtigkeit über Schnelligkeit ist das Textilunternehmen ZARA (das wir auch in Kapitel IV noch ausführlich vorstellen werden): sogenannte „Cutting-Edge Fashion" – topaktuelle Mode – zu bezahlbaren Preisen. Das Unternehmen verspricht seinen Kunden, jeden neuen Modetrend in Windeseile in die ZARA-Läden zu bringen. Um sicherzustellen, dass man sich stets am Puls der Zeit bewegt, benötigt ZARA einerseits fundierte Markt- und Trendanalysen, andererseits eine Supply Chain, die eine schnelle und flexible Reaktion auf sich verändernde Konsumentenbedürfnisse zulässt: Daher beobachten Trendscouts die Modewelt auf Messen, in Geschäften, auf der Straße und bei gesellschaftlichen Ereignissen. Zudem beschäftigt ZARA mehr als 200 Modedesigner, um neue Tendenzen schnell umsetzen zu können. Mit dem Ergebnis, dass der Mode-Einzelhändler im Jahr 2010 seinen Nettogewinn dreimal stärker steigern konnte als den Umsatz.[74]

Machen Sie Tempo! Dadurch wird AndersArtigkeit möglich – und Ihr Unternehmenserfolg!

AndersArtigkeit über Prozesse

Viele Jahre lang tüftelten die Mitarbeiter der Audi-Elektronik in Büros und Containern, die über das gesamte Betriebsgelände versprengt waren. „Vereinigte Hüttenwerke“, so nannte man sich scherzhaft. Mit dem Einzug ist das neue „Elektronik-Center“ 2003 änderte sich auf einen Schlag alles: Alle 750 Mitarbeiter saßen zusammen in einem großen, futuristisch angelegten Gebäude. „Wir haben die Projektteams so im Gebäude positioniert, dass sie über den Schreibtisch hinweg miteinander kommunizieren können“, schreibt Willibert Schleuter in seinem Buch *„Die sieben Irrtümer des Change Managements“*.[75] „So ist eine bereichsübergreifende Vernetzung von Aufgaben, Menschen und Tools gelungen.“ Das Ergebnis: Ingenieure und Werkstattmitarbeiter lernen mehr voneinander, Konflikte werden sofort gelöst und Missverständnisse ausgeräumt, weil man sich in den offenen Büros und Werkstätten sieht und sofort miteinander sprechen kann (statt E-Mails zu schreiben). Prozesse können simultan vorangetrieben werden statt sequenziell. Schleuter zufolge hat der Umzug in das Elektronik-Center die Produktionszeit um 50 Prozent gesenkt. Ganz sicher ist auch dies ein weiterer Baustein in dem Mosaik des beeindruckenden Erfolgs von Audi.

**Investieren Sie in intelligente Prozesse!
Das macht Sie schneller und besser.**

Das innovative Unternehmen:

Wie ideenreich ist Ihr Unternehmen?

Spitzenpositionen sind immer heiß umkämpft. Wie eine Meute hungriger Hunde kleben dem Besten die Konkurrenten an den Fersen, kopieren seine Innovationen und Produkte. Um eine Spitzenposition zu halten, ist es notwendig, stets aufs Neue wegweisende Produkte auf den Markt zu bringen und durchzusetzen. Wichtig dabei ist, dass jede Innovation die Glaubwürdigkeit des Unternehmens sichtbar macht und in den Augen der Kunden und Mitarbeiter Leistungsstärke zum Ausdruck bringt. Entsprechend können Innovationen nicht allein nach Umsatz und Ertrag beurteilt werden. Wenn sie gut angelegt sind, verkörpern sie in hohem Maße die Werte einer Marke oder eines Unternehmens und wirken als Lokomotivprodukte, deren Glanz auf das gesamte Sortiment abstrahlt und auch den anderen Produkten zu neuer Durchschlagskraft verhilft.[76]

AndersArtigkeit über Geschäftsmodelle

Exzellente Unternehmen, die hervorragende Leistungen erbringen, neigen immer weniger dazu, den Wettbewerb über den Preis führen zu wollen. Sie wissen, es wird immer jemanden geben, der seine Leistung billiger anbietet. Sich bei der Preisgestaltung an den Vorgaben der Wettbewerber zur orientieren ist das Gegenteil von andersArtig, es ist ähnlich und führt auch zu ähnlichen Firmen mit ähnlichen Produkten. Und in der Tat, wenn alles verglichen wird, dann geht es um den Preis.

Bei exzellenten und andersArtigen Unternehmen geht es jedoch um Leistung, Kreativität, Qualität, um Kundennähe und auch um das Geschäftsmodell. Die Verpackung von Produkten – etwa Nespresso – führt heutzutage dazu, dass der Kunde nun kein Pfund Kaffee mehr kauft, sondern jedes Mal den Preis der einzelnen Tasse mit dem jener im Coffeeshop um die Ecke vergleicht, wo man ebenso bequem an einen Kaffee kommt. Wo früher Arbeiter in der Mittagspause zur Würstchenbude gingen, gehen sie jetzt zu REWE und ernähren sich dabei oft viel gesünder. Kein altes Fett mehr, sondern frische Salate, Obst und Gemüse, fertig für den Verzehr an einem schönen Ort ihrer Wahl. Manche Unternehmen gehen dazu über, pauschale Preise anzubieten – ein Gegentrend zum Á-la-Carte-Pricing. Hotels, die nicht alles extra berechnen, sondern wo in einer Flatrate alle Leistungen enthalten sind. All dies sind Beispiele für neue, funktionierende Geschäftsmodelle, die überzeugen.

Natürlich geht es bei AndersArtigkeit über Geschäftsmodelle immer auch darum, dem Kunden Vorteile zu verschaffen und somit seinen Nutzen zu erhöhen. Dabei stehen nicht nur Rabatte, Tiefstpreise und Rückvergütungen im Vordergrund. Wer zum Beispiel im Winter 2010/2011 im Schweizer Supermarkt COOP einkaufte, erhielt für einen Einkaufsbetrag von 100 CHF einen Gutschein für einen Skipass in der Lenzerheide im Gegenwert von 65 CHF! Solche gegenseitigen Vorteile wandeln das klassische Marketingbudget in einen Kundenvorteil um. Dieses Vorgehen ist nicht neu, könnte aber in vielen Situationen noch viel besser genutzt werden. Auf der Tüte unseres Bäckers werden wir zum Beispiel heute auf einen Handwerker hingewiesen, der in einem Monat sein Geschäft eröffnet.

Hin und wieder kann es eine gute und andersArtige Marketing-Strategie sein, außergewöhnliche Leistungen zu einem niedrigen Preis zu verschenken. So erzählte uns ein Baustoffhändler von einer sehr erfolgreichen Marketingaktion, bei der er einen Sack Zement für einen Euro angeboten hatte. Der Laden war an diesem Wochenende voll und die vielen anderen Produkte zu regulärem Preis wurden ebenso mitgenommen.

Manchmal jedoch lassen sich Unternehmen aber zu langfristigen Rabattschlachten verleiten. Manche Branchen sind insgesamt in einen tödlich werdenden Preiskampf eingetreten. Dies ist nicht sinnvoll und zeigt, dass es an der Zeit ist, sich wieder Gedanken über das eigene Geschäftsmodell zu machen. Mit Kreativität in Bezug auf das Geschäftsmodell lässt sich ein

Wettbewerbsvorteil im Sinn der AndersArtigkeit erzielen. Wenn wir neue und gute Konzepte bieten, so ist der Kunde in der Regel auch immer bereit, dafür einen guten Preis zu bezahlen. Hohe Preise sind damit weniger ein Problem des Kunden als vielmehr ein Problem des Marketings.[77]

Setzen Sie Ihre Preise
gemäß Ihrem Geschäftsmodell fest!

AndersArtigkeit durch Technologie

Sensoren und Mikrochips, die Roboter steuern. Pflanzen, die chemische und pharmazeutische Substanzen produzieren. Mini-Brennstoffzellen, die Strom für mobile Computer liefern. Zusammenrollbare Bildschirme aus leuchtenden Kunststoffen: All das sind Beispiele für moderne, zukunftsweisende Technologien, die – so vermuten Forscher – in Zukunft andersArtige Produkte entstehen lassen können, die ihren Herstellern einmalige Wettbewerbsvorteile ermöglichen. Auch die Zukunft Ihres Unternehmens und seiner AndersArtigkeit liegt immer auch im Bereich Technologie begründet.

Ein schönes Beispiel dazu ist Intel. Das Unternehmen entwickelt Mikroprozessoren und hat es seit 1974 regelmäßig geschafft, sich mit der jeweils neuesten Produktgeneration (also der nächsten Entwicklungsstufe der Technologie) selbst anzugreifen. Vom 8080er über den 286er (erinnern Sie sich noch?), verschiedene Pentiums, den Celeron und den Core2Quad gelang es Intel immer wieder, das Chip-Geschäft neu aufzurollen und sich so für Konkurrenten unangreifbar zu machen.[78]

Eine ganz ähnliche Strategie verfolgen Hersteller von Rasierklingen wie Gilette: Von Jahr zu Jahr können die Klingen noch einen Tick mehr und gleiten noch ein wenig besser, so dass der werte User immer wieder auf neue Modelle umsteigen muss, um nicht das Gefühl zu haben, gnadenlos stoppelig auszusehen.

AndersArtigkeit über Wissen

AndersArtigkeit lässt sich auch sehr gut über Wissen und Know-how herstellen. Natürlich kommen Kunden gerne zu Ihnen, wenn Ihre Mitarbeiter als Top-Experten gelten. Viele Unternehmen haben das verstanden und schulen ihre Mitarbeiter regelmäßig auf hohem Niveau. Nicht nur zu Fachthemen, sondern auch rund um die Themen Führung und Management. Darüber hinaus laden sie Geschäftspartner und Kunden zu Informationsveranstaltungen, Foren und Kongressen ein.

Damit haben wir alle zwölf Stationen unseres AndersArtigkeits-Index durchlaufen. Damit Sie sich von dieser Tour de Force erholen können, wollen wir Ihnen nun ein andersArtiges Unternehmen vorstellen, das anschaulich beweist, dass jeder Unternehmer und jedes Unternehmen – egal welcher Herkunft und in welcher Branche – es schaffen kann, sich andersArtig zu positionieren.

AndersArtige Übernahme unternehmerischer Verantwortung

„Otto ... find' ich gut." Wer kennt ihn nicht, den Slogan der Otto Group? Er ist einer der Werbeslogans, den wohl jeder schon einmal gehört hat. Diesen Claim beansprucht das weltweit agierende Handels- und Dienstleistungsunternehmen zukünftig nicht nur für sein Angebot, sondern auch für sein gesamtes Agieren in den Bereichen Nachhaltigkeitsmanagement, Mitarbeiterorientierung und Gesundheitsmanagement.

Von der „Hinterhof-Firma" zum weltweit führenden Einzelhandelskonzern

Die unternehmerische Erfolgsgeschichte begann mit Werner Otto, der 1949 einen Versandhandel in einem kleinen Büro- und Lagergebäude in Hamburg-Schnelsen startete. Unterstützt von drei Mitarbeitern brachte er 1950 seinen ersten Katalog heraus: handgebunden, in einer Auflage von 300 Stück und mit einem Umfang von 14 Seiten. Heute erscheint der ca. 1000 Seiten umfassende Hauptkatalog der Otto Group in einer Auflage von rund 4 Millionen

Exemplaren pro Saison. Die Otto Group ist heute eine weltweit agierende Handels- und Dienstleistungsgruppe mit über 54.200 Mitarbeitern (Stand Februar 2014). Die Gruppe ist mit 123 Unternehmen in mehr als 20 Ländern Europas, Nord- und Südamerikas und Asiens präsent. Ihre Geschäftstätigkeit erstreckt sich auf die drei Segmente Multichannel-Einzelhandel, Finanzdienstleistungen und Service. Im Geschäftsjahr 2013/2014 erwirtschaftete die Otto Group einen Umsatz von 12 Milliarden Euro. Sie ist weltweit der zweitgrößte Onlinehändler mit dem Endverbraucher (B2C) und in Europa der größte Onlinehändler für Fashion und Lifestyle mit dem Endverbraucher (B2C). E-Commerce, Kataloggeschäft und der stationäre Einzelhandel bilden die drei Säulen des Multichannel-Einzelhandels der Otto Group.

Das innovative Unternehmen: Verantwortung für Umwelt und Gesellschaft

Viele Wirtschaftsunternehmen machen die Anforderungen aus Politik, von nichtstaatlichen Organisationen (NGOs) und nicht zuletzt des Kunden zum wesentlichen Maßstab ihres Handelns im Bereich des Nachhaltigkeitsmanagements. Wenn es um die Verbesserung der sozialen, ökologischen und ökonomischen Aspekte innerhalb ihrer Organisation geht, tun sie nicht weniger, als ihnen die Anforderungen vorgeben, aber auch nicht mehr. Mit diesem Mindestmaß an Nachhaltigkeitsmanagement gibt sich Otto allerdings nicht zufrieden. Nachhaltiges Wirtschaften wird bei der Otto Group schon lange groß geschrieben – so reicht die aktuelle Nachhaltigkeitsstrategie bis ins nächste Jahrzehnt. Jetzt geht die Otto Group einen innovativen Schritt: Erstmalig berechnet der Handels- und Dienstleistungskonzern sämtliche ökologische und soziale Auswirkungen der Geschäftstätigkeit entlang der gesamten Wertschöpfungskette – vom Rohstoffan- und -abbau, über die Verarbeitung, Produktherstellung bis zur Nutzungsphase bei dem Kunden und Entsorgung.

Damit gibt sich die Otto Group ein neues Fundament für eine nachhaltige Unternehmenssteuerung.

Im Mittelpunkt steht die Frage, wo in der Wertschöpfungskette die größten Auswirkungen auf Umwelt und Gesellschaft entstehen. Um verschiedene Auswirkungen auf die Umwelt, wie beispielsweise den Ausstoß klimaschädlicher Gase oder den Wasserverbrauch, vergleichen zu können, werden diese in Euro berechnet. Zusätzlich bewertet die Otto Group in sogenannten Risikoarbeitsstunden als erstes Unternehmen auch die Risiken, denen Arbeiter entlang der Wertschöpfungskette ausgesetzt sind.

Bei ihren Berechnungen kommt die Otto Group zu dem Ergebnis, dass in ihrer Wertschöpfungskette die größten Auswirkungen auf die Umwelt bei der Rohstoffgewinnung und -verarbeitung entstehen. Auf diesen Bereich entfallen 56 Prozent der ökologischen Auswirkungen, während bei den direkten Lieferanten in der Stufe der Endfertigung neun Prozent entstehen. Im unmittelbaren Geschäftsbereich der Otto Group, also bei Standorten und Transporten, werden mit sieben Prozent die geringsten Auswirkungen verursacht. Beachtlich ist der Anteil, der in der Nutzungsphase der Kunden entsteht. Unter anderem durch den Gebrauch, die Reinigung und die Entsorgung der Produkte entstehen hier 28 Prozent der Gesamtauswirkungen auf die Umwelt. Soziale Risiken treten mit 61 Prozent am stärksten in der Stufe der Rohstoffgewinnung und -verarbeitung auf. Auf die Endfertigung entfallen 38 Prozent. Die Berechnungssystematik für diese Ergebnisse hat die Beratungsgesellschaft Systain, ein Konzernunternehmen der Otto Group, entwickelt.

Impulsgeber für andere Unternehmen

Die Otto Group treibt mit ihrem neuen Ansatz eine Entwicklung voran, die gesamtwirtschaftlich an Bedeutung gewinnt. Das zeigt auch der Umfang der Umweltauswirkungen des gesamtdeutschen Textileinzelhandels im Bereich Bekleidungs- und Wohntextilien. Diese können mit der neuen Berechnungssystematik auf 21,1 Milliarden Euro beziffert werden. Daher will die Otto Group auch anderen Unternehmen einen Impuls geben, beim Nachhaltigkeitsmanagement die gesamte Wertschöpfungskette in den Blick zu nehmen und die entstehenden Auswirkungen systematisch zu betrachten.

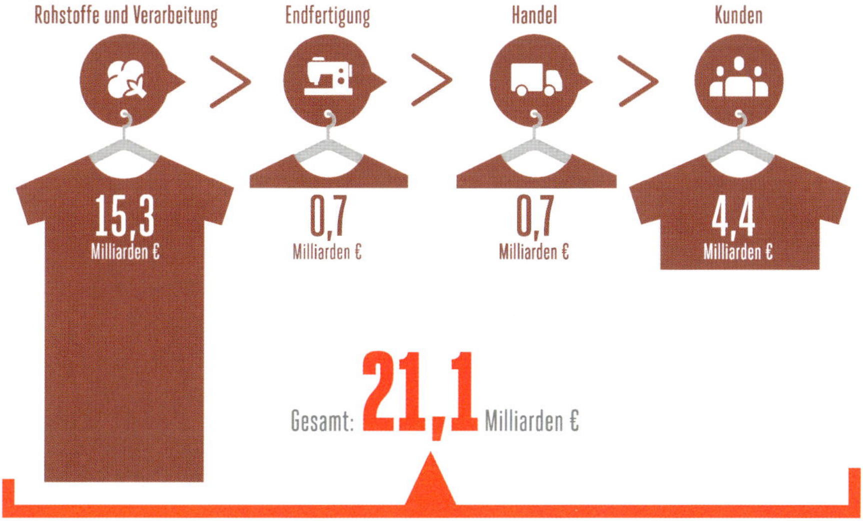

Umweltauswirkungen des deutschen Textileinzelhandels

Grundlage: Markt für Bekleidung und Wohntextilien, Quellen: Systain 2014, auf Basis von Bundesverband des Deutschen Textileinzelhandels e.V. 2012, Statistisches Bundesamt 2013, Copyricht: Otto Group/Systain

Die Konsequenzen

Mit der Berechnung der Auswirkungen ist der erste Schritt der innovativen Nachhaltigkeitsmanagementmethodik „impACT" der Otto Group getan. Im nächsten Schritt werden die Nachhaltigkeitsaspekte von internen und externen Stakeholdern bewertet – deren ergänzende Einschätzung ist nach wie vor unverzichtbar. Auf Basis der quantifizierten Bewertung und der Stakeholder-Einschätzungen werden wesentliche Maßnahmen abgeleitet. Denn nachhaltiges Wirtschaften bedeutet für die Otto Group vor allem, die Kerngeschäftsprozesse entsprechend auszurichten.

Im Sinne der Ergebnisse soll mehr Nachhaltigkeit unter anderem durch eine entsprechende Sortimentsgestaltung erreicht werden. Die Otto Group will beispielsweise die Umweltauswirkungen von Elektrogeräten stärker in den Blick nehmen. Die bereits gesetzten Ziele der Strategie wurden durch den neuen Ansatz mit „impACT" ebenfalls bestätigt: So will die Otto Group bis

2020 weiterhin ihre standort- und transportbedingten CO_2-Emissionen halbieren und ihre Sortimente auf 100 Prozent nachhaltig erzeugte Baumwolle sowie 100 Prozent FSC®-zertifizierte Hölzer aus nachhaltiger Forstwirtschaft umstellen. Bis 2015 sollen darüber hinaus sämtliche Lieferanten in das Otto Group Sozialprogramm integriert sein.

Das Unternehmen mit Werten: soziale Projekte und Stiftungen

Der frühe und fundierte Umgang mit nachhaltigem Wirtschaften ist eng mit der Unternehmerpersönlichkeit Dr. Michael Otto verbunden. Er ist auch der Initiator und Gründer der verschiedenen Stiftungen, die den fairen Handel und den verantwortungsvollen Umgang mit natürlichen Ressourcen fördern.

Bereits 2005 gründete Dr. Michael Otto die „Aid by Trade Foundation“, die die Initiative „Cotton made in Africa“ ins Leben rief. Diese Initiative hat zum Ziel, die Lebensbedingungen afrikanischer Kleinbauern dauerhaft zu verbessern. Dabei sollen nachhaltige und effiziente Anbaumethoden der Baumwolle gemäß einem eigenen Standard gefördert werden. Eine Allianz von internationalen Textilunternehmen kauft von afrikanischen Kleinbauern nachhaltige Baumwolle für den Weltmarkt ein und verarbeitet sie weiter. Um Textilien mit dem „Cotton made in Africa“-Label produzieren zu dürfen, führen die Textilunternehmen der Nachfrageallianz eine Lizenzgebühr ab, die den afrikanischen Kleinbauern zugute kommt.

Das Mitwirken bei der Initiative „Cotton made in Africa“ ist nur eines von vielen Beispielen für das hohe Maß an Verantwortung, das die Otto Group für ihr gesellschaftliches Umfeld übernimmt. So engagiert sich Otto auch in vielen anderen sozialen Projekten und Stiftungen wie beispielsweise der Förderung von jungen Talenten und Berufseinsteigern. International macht sich das Unternehmen zum Beispiel gegen Kinderarbeit in Indien stark. Dass die Otto Group ein andersArtiges Unternehmen ist und unternehmerische Verantwortung übernimmt, zeigt sich auch in dem hohen Maß an Mitarbeiterorientierung.

Das emotionale Unternehmen: Mittags geht's ins Fitnessstudio

Otto übernimmt bewusst Verantwortung für seine Mitarbeiter. Dazu zählt u.a., dass der Förderung der Gesundheit der Mitarbeiter eine große Bedeutung zukommt. Wer einen Ausgleich zu seiner Arbeit sucht, kann zwischen 31 verschiedenen Sportarten im Rahmen des Betriebssports wählen. Oder er geht in die Fitness Lounge, die Otto in Kooperation mit der Techniker Krankenkasse betreibt. Auf 600 Quadratmetern finden die Mitarbeiter einen umfangreichen Gerätepark, ein tolles Kursprogramm mit Tai Chi, Pilates, Yoga oder Kickboxen, qualifizierte Trainingsberatung – und natürlich nette Kollegen. Mit seinem eigenen Fitnessstudio und den umfangreichen Sportangeboten gilt Otto in Hamburg als Vorreiter in Sachen Gesundheitsförderung.[80]

Haben Sie schon eine Idee,
wie Sie Ihr eigenes Unternehmen im
AndersArtigkeits-Index positionieren würden?

Wo liegen Ihre Stärken?

Schauen Sie sich das Rad noch einmal in Ruhe an, bevor Sie sich neu erfinden ... Vielleicht verschieben Sie das Neuerfinden auch noch eine Weile, denn im folgenden Kapitel möchten wir Ihnen ein Modell vorstellen, das unser Thema Positionierung noch einmal anders auf den Punkt bringt. Besser gesagt: auf fünf Punkte.

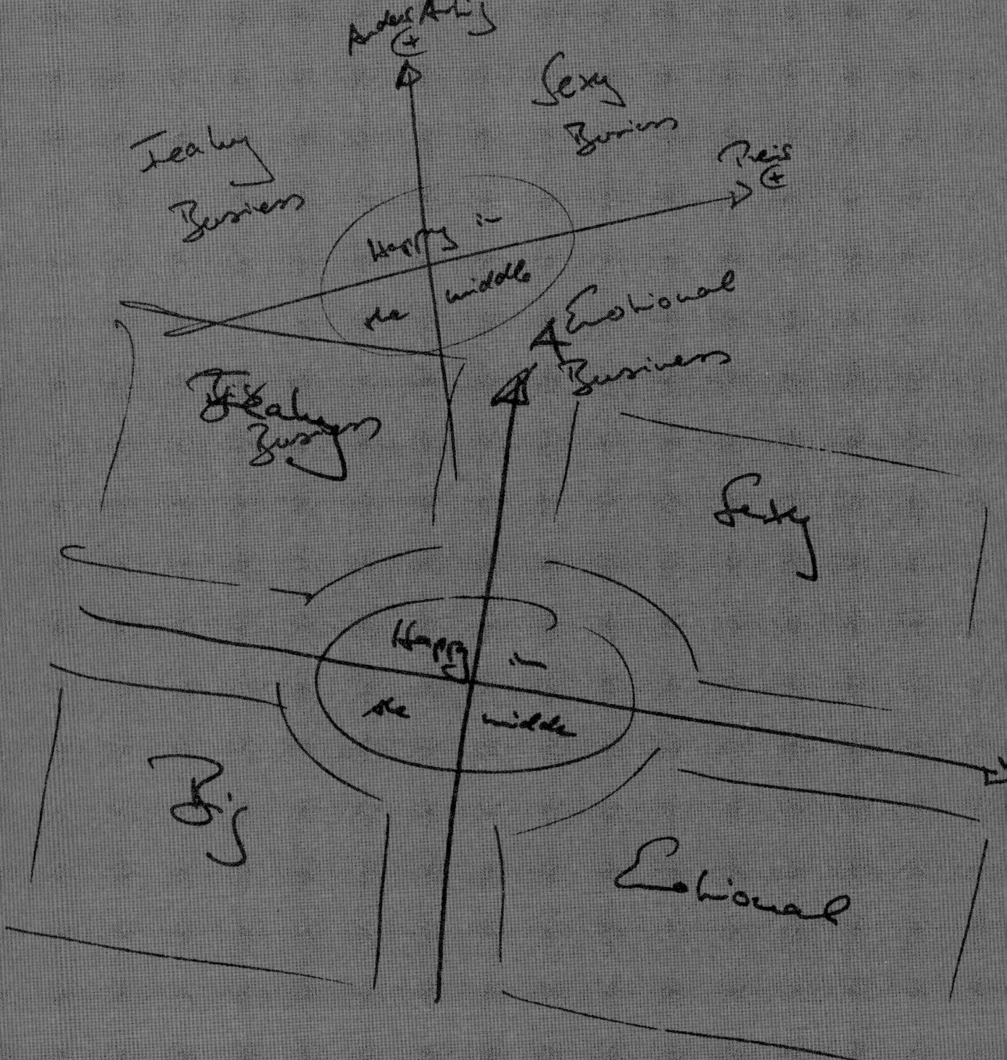
Sexy
Business
Happy in
the middle
Emotional
Business
Sexy
Happy in
the middle
Emotional

IV

Artige und andersArtige Wege zum Erfolg

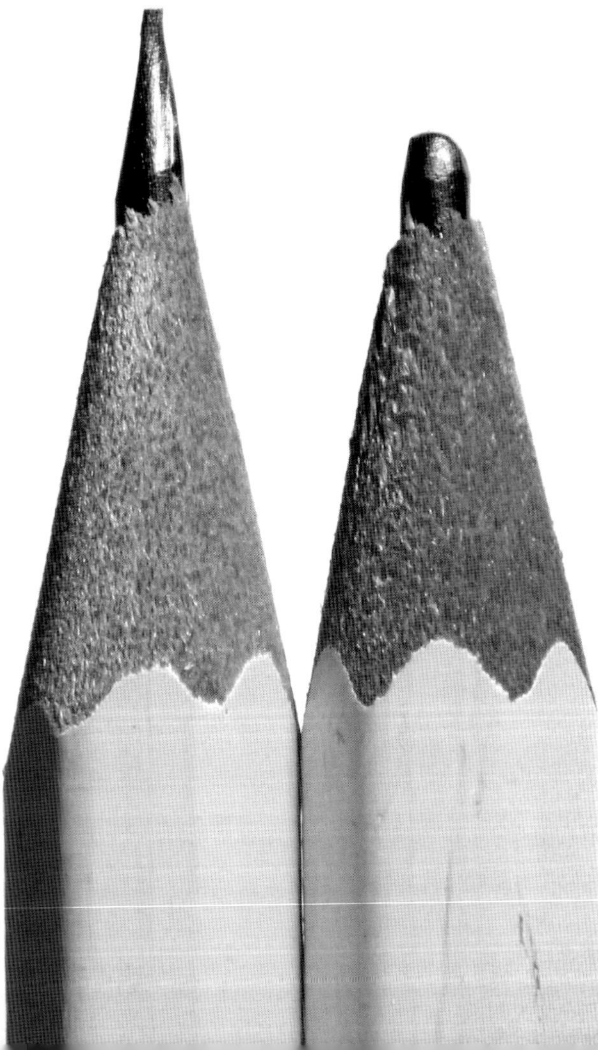

Erfolg ist individuell

Vergleichbar, dennoch erfolgreich, weil anders: Eine Formel, die widersprüchlich klingt (und es auch ist!), aber für den heutigen Unternehmenserfolg aus unserer Sicht ganz zentral ist. Dies haben wir Ihnen auf den vergangenen Seiten gezeigt. Für das nun folgende Kapitel haben wir eine Fülle aktueller Beispiele ausgewählt, die eine erfolgreiche Anwendung dieser Formel veranschaulichen – und die zu unserem dritten Modell führen: der AndersArtigkeits-Matrix mit fünf Möglichkeiten der Unternehmenspositionierung.

Mit der AndersArtigkeits-Matrix wollen wir zeigen, dass es unterschiedliche Wege zum Erfolg gibt. Artige und andersArtige. Ein Spannungsfeld zwischen artig und unartig, vergleichbar und anders, rebellischem Unternehmertum und Markenpolitik nach klassischem Muster. Ein Spannungsfeld, das Sie sich genau anschauen sollten, um Ihren eigenen Platz darin zu finden. Die Hauptsache bleibt, dass Sie überhaupt vorangehen. Dass Sie Ihr Unternehmen positionieren – dass Sie sich entscheiden.

Wenn Joghurt zaubern lernt

Lassen Sie uns mit einem Beispiel beginnen, bevor wir auf die verschiedenen Parameter und Dimensionen der AndersArtigkeits-Matrix eingehen: Das Beispiel heißt Actimel und es zeigt so gut wie kein anderes, wie sehr sich eine intelligente Positionierung auszahlt.

„Jetzt wird es draußen wieder stürmisch, nass und kalt", heißt es in einem wohlbekannten Danone-Werbespot. „Schützen Sie deshalb Ihre Abwehrkräfte, zum Beispiel mit Actimel." Eine wissenschaftliche Studie habe belegt, „dass Actimel die Aktivität körpereigener Immunzellen steigern kann". Über 50 Millionen Euro hat der Lebensmittelkonzern nach Informationen des Marktforschungsinstituts Nielsen allein im Jahr 2008 für diese und andere Werbemaßnahmen rund um den Joghurt-Drink Actimel in Deutschland ausgegeben. Heute ist Actimel mit 70 Prozent unangefochtener Marktführer in Deutschland und laut Danone der Wachstumstreiber für den Gesamtumsatz. Weltweit werden 129 Fläschchen Actimel pro Sekunde getrunken.

Das ist erstaunlich, denn der probiotische Joghurtdrink wirkt nach wissenschaftlichen Untersuchungen so gut wie überhaupt nicht. Natürlich ist auch der Joghurt-Kunde nicht blöd. Unter der Federführung des Vereins Foodwatch verliehen dann auch fast die Hälfte der 35.000 befragten Verbraucher Actimel einen Preis für die dreisteste Werbelüge: den „Goldenen Windbeutel 2009". „Die Verbraucher haben sich für einen würdigen Preisträger entschieden", sagte Anne Markwardt, Leiterin der foodwatch-Kampagne „abgespeist.de": „Actimel schützt nicht vor Erkältungen – es stärkt das Immunsystem nur ähnlich gut wie ein herkömmlicher Naturjoghurt, ist aber vier Mal so teuer und doppelt so zuckrig. Die Werbung von Danone ist ein großes probiotisches Märchen."

Dem Erfolg von Danone tut das aber kaum Abbruch. Mit Actimel hat sich Danone auf einen Markt vergleichbarer Konkurrenten begeben (was das bedeutet, weiß jeder, der einmal im Supermarkt vor dem Kühlregal mit

Molkereiprodukten gestanden hat), seinen Neuling jedoch anders und einzigartig positioniert. Ein simpler Joghurt, der aber im Gegensatz zu seinen Konkurrenten einen enormen Nutzen verspricht: Gesundheit und Wohlbefinden. Zugleich ist Actimel fast schon eine neue Produktkategorie: ein joghurtähnlicher Drink, der die Abwehrkräfte stärkt. Wo hat es so etwas vorher schon einmal gegeben? „Ich bin gut für dich", verspricht Actimel – ein emotional enorm aufgeladenes „sexy" Produkt. Außerdem hat Danone entschieden, Actimel nicht niedrigpreisig anzusetzen und dennoch kein überteures Luxusprodukt daraus zu machen. Mit dieser Strategie hat es das Unternehmen geschafft, seinen neuen Joghurtdrink in den Sortimenten der meisten Einzelhändler in großer Stückzahl zu platzieren. Dies zeigt zum einen die Attraktivität des mittleren Preissegments und zum anderen auch, mit welch normalen Produkten eine neue Kategorie im Kopf des Verbrauchers besetzt werden kann. Da wir uns auch intensiv mit Gesundheitsmanagement für Unternehmen beschäftigen, möchten wir an dieser Stelle lediglich auf die sehr hohe Kaloriendichte in diesem Produkt hinweisen. Übergewicht ist eines der größten Probleme in unserem Gesundheitssystem und dieses wird sich auch noch vergrößern. Actimel stärkt daher das Abwehrsystem nicht mehr als herkömmlicher Naturjoghurt, wohl aber die Fettdepots seiner vielen Fans.[81]

Schluss mit ähnlich!

Der Wirtschaftsjournalist Karl Pilsl hat schon zu Beginn dieses Jahrtausends *„10 Haupttrends der aus den USA kommenden Wirtschaftsrevolution“*[82] gesammelt und auf einer Seite seines Buchs Folgendes zum Thema Ähnlichkeit geschrieben:

„Wir haben zu viele ähnliche Firmen, die ähnliche Mitarbeiter beschäftigen mit einer ähnlichen Ausbildung, die ähnliche Arbeiten durchführen. Sie haben ähnliche Ideen und produzieren ähnliche Dinge zu ähnlichen Preisen in ähnlicher Qualität. Wenn Sie dazugehören, werden Sie es künftig schwer haben.“

Lieber Karl, diese Zeilen sind für Dich, der Du so viele Menschen inspirierst: Hier ist die Antwort:

Der Wettbewerb geht in einer solchen Situation über den Preis, es sei denn, Sie wählen die Lösung der AndersArtigkeit. Was hält Sie davon ab? Seien Sie angenehm anders als alle anderen!

„Seien Sie eine andersArtige Firma, die andersArtige Mitarbeiter mit einer andersArtigen Ausbildung beschäftigt, die auf andersArtige Arbeiten spezialisiert sind, die andersArtige Ideen hat und andersArtige Dinge zu andersArtigen Preisen bietet und dies in völlig andersArtiger Qualität."

Die AndersArtigkeits-Matrix

Nun aber zurück zu unserem dritten Modell, der AndersArtigkeits-Matrix. In dieser Matrix erkennen Sie fünf Felder, in denen Sie nach den Kriterien „anders“ und „artig“ auf der vertikalen Achse sowie „niedrigpreisig“ und „hochpreisig“ auf der waagerechten Achse Ihr Unternehmen positionieren können. Wir haben die Preisachse ganz bewusst in die Horizontale genommen. Traditionell wird sie eher auf der vertikalen Achse dargestellt. So lässt sich aber Ihre Positionierung aus dem AndersArtigkeits-Index besser ableiten.

Sind Sie andersArtig oder auch – wie viele Unternehmen – zu ähnlich? Suchen Sie einen Weg, erfolgreich anders zu sein? Oder anders erfolgreich?

Damit Sie diesen Weg finden, haben wir für Sie eine kleine Landkarte entwickelt. Statt mit Norden und Süden, Westen und Osten arbeitet sie mit den Himmelsrichtungen „anders“ und „artig“, „niedrigpreisig“ und „hochpreisig“.

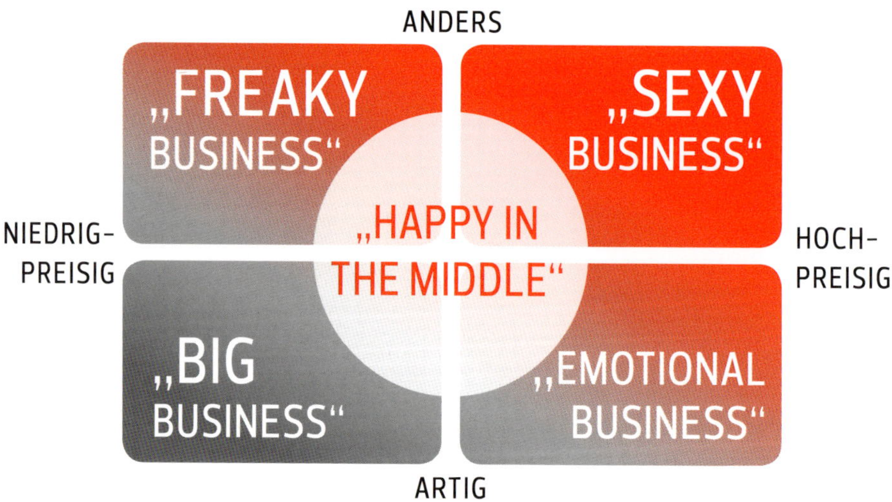

AndersArtigkeits-Matrix

„Happy in the Middle“: alles andere als mittelmäßig

Im Moment lesen und hören wir überall, dass in der Mitte nichts mehr läuft. In der Mitte herrsche das Mittelmaß, während die Party irgendwo anders stattfindet. Da mag in vielen Fällen etwas dran sein, aber in vielen Fällen sind wir auch ganz anderer Meinung. In der Mitte können Sie immer noch glücklich und erfolgreich sein. Warum? Dazu später mehr.

„Big Business“: die Masse macht erfolgreich

Zur Kombination aus „niedrigpreisig“ und „artig“ denken Sie vielleicht jetzt spontan: „Das kann ja nichts werden.“ Solche Fälle sind ja auch nicht sehr beliebt in emotionalen Marketingbüchern. Unternehmen, die ein vergleichbares Geschäft, bessere und günstigere Produkte dabei noch günstiger anbieten. Die erfolgreichen Beispiele sind offensichtlich. Gehen Sie zu Aldi und Sie wissen, was wir meinen. Je mehr Sie produzieren und umsetzen, desto mehr bleibt hängen. „Positiver Skaleneffekt“ sagen die Fachleute dazu oder „Economies of Scale“. So etwas können natürlich nur die Großen stemmen. Mittelständler brechen sich regelmäßig das Genick, wenn sie sich in dieser Ecke positionieren. Wobei es auch hier Ausnahmen gibt, gerade, wenn Märkte erst seit Kurzem bearbeitet werden oder ein Discount-Modell relativ neu auf dem Markt ist. Bei den Friseuren kann dies an einigen Beispielen beobachtet werden (etwa www.hairkiller.com). Dabei sind 300 Filialen viel und wenig zugleich, ganz sicher aber noch Mittelstand. Viele Franchise-Modelle arbeiten nach diesem Konzept und machen einmal mehr deutlich, dass es DIE eine Wahrheit nicht gibt.

„Emotional Business“: auffallend artig

Es geht tatsächlich: Irgendein Unternehmer nimmt ein völlig normales, vergleichbares, um nicht zu sagen langweiliges Produkt aus dem Regal, injiziert dieser Schnarchnase eine gehörige Portion Emotionalität – und schon wird es zu eine Art „Hero“ in der relevanten Zielgruppe. Jeder hat davon gehört, jeder will es haben und jeder ist bereit, dafür tief in die Tasche zu greifen.

„Freaky Business": kreativ anders

Wo „anders" und „niedrigpreisig" zusammenstoßen, herrscht das Freaky Business. Es wirft alles über Bord, was Lehrmeister und Vorbilder ursprünglich mit auf den Weg gegeben haben – und macht einfach alles anders, jedoch für kleines Geld. Kein Mensch weiß, wie man auf solche Ideen kommt, die Unternehmen selbst meistens auch nicht. Macht aber nichts, solange sie damit erfolgreich sind.

Der Begriff ist nahe am „Funky Business" des beeindruckenden Schweden-Duos[83], jedoch verwenden diese „funky" für die ganze sich verändernde Wirtschaft und besondere Gedankensprünge der letzten zehn Jahre. Für uns steht „freaky" dafür, sein Geschäft andersArtig zu gestalten.

„Sexy Business": leidenschaftlich anders

Anders sieht es aus, wenn sich „anders" und „hochpreisig" treffen. Aus dieser Kombination entsteht „Sexy Business". Wir sehen hier zum Beispiel die Einführung eines völlig neuen Produkts oder einer neuen Produktkategorie, die für den Kunden nicht nur aufregend ist, sondern auch sein Portemonnaie ordentlich in Anspruch nimmt.

Auffallen ist nicht alles

Viele Unternehmer, besonders junge, glauben: Hauptsache auffallen und immer wieder von sich reden machen. Das reicht schon, um den Umsatz zu steigern. Als 2010 der Castor-Transport durch Deutschland rollte, schickte die Autovermietung Sixt Werbebotschafter in die Menge der Protestierenden, die ein Transparent in die Luft hielten, dessen Aufschrift lautete: „Stoppt teure Transporte! Mietet Van & Truck von Sixt!". Auf seiner Internetseite schrieb das Unternehmen anschließend euphorisch über den „Castor-Coup von Sixt". Vielleicht für einige witzig, aber ob dies den Umsatz gesteigert hat, ist eine andere Frage.

Auch der Mobilfunkanbieter O2 flankiert seine Werbekampagnen gerne mit spektakulären Aktionen. So stürmte an der Universität Köln ein Monster in einen Hörsaal und wurde vor den Augen der überraschten Studenten von O2-Mitarbeitern eingefangen. Die Aktion war Teil der neuen Werbekampagne „O2 vertreibt die Tarif-Monster auf dem Handymarkt". Davor gab es eine ähnliche Aktion: Das Unternehmen schickte Studenten mit O2-Surfbrettern in die Hörsäle, um für einen „Surfstick" Werbung zu machen.

„Guerilla Marketing" heißt das in Fachkreisen. Werbung an ungewöhnlichen Orten und in einer ungewöhnlichen Form. Eine Umfrage des Marktforschungsinstituts GfK kam zu dem Ergebnis, dass mittlerweile knapp jedes dritte Unternehmen „Guerilla Marketing" nutzt. Im Jahr 2008 war es erst jedes vierte. Sicher, „Guerilla Marketing" ist witzig, aber oftmals auch sehr aufwendig ... und auch nicht für jedes Unternehmen geeignet.

Wenn Sie sich eindeutig positionieren, ergibt sich daraus automatisch eine intelligente Marketing-Strategie. Dann können Sie die Monster auch zurück in die Mottenkiste stecken und sich lieber selber an Demonstrationen beteiligen, sollte die dort dargestellte Kritik Ihrer Meinung entsprechen. Eine andere Möglichkeit des Plakats wäre ja auch gewesen: „Elektroautos fahren auch mit Atomstrom."

Wir meinen, wie bei jedem komplexen Thema gibt es nicht eine Lösung, sondern viele berechtigte Meinungen und somit auch Lösungsansätze. Dies gilt für die Positionierung ebenso wie für die Atomenergie.

Wer sich vergleicht, wird gleicher

Apropos Mottenkiste – packen Sie doch gleich noch etwas dazu: Benchmarks. Einerseits kann es sehr aufschlussreich sein, die Strategien und Produkte der Konkurrenz unter die Lupe zu nehmen. Aber fokussieren Sie sich nicht so sehr darauf, dass Ihre Kreativität darunter leidet!

„Wer sich ständig mit anderen vergleicht, wird vor allem eines: gleicher", haben es Anja Förster und Peter Kreuz in ihrem Buch „Alles, außer gewöhnlich"[84] formuliert und vertreten damit die gleiche Meinung wie wir. Mit Benchmarking kopieren sich alle gegenseitig, in der Hoffnung, nach vorn zu kommen.

Doch wer heute keine einzigartigen Fähigkeiten entwickelt, konkurriert morgen mit 1,3 Milliarden Chinesen. Schlagen Sie lieber neue Wege ein, bevor es zu spät ist. Auch hier gilt das „Und". Wenn Sie selbst noch eine schwache Position haben, dann helfen Ihnen natürlich die Impulse aus einem Benchmarking. Wenn Sie auf dem Weg der AndersArtigkeit sind, können Benchmarks gefährlich werden. Dies ganz sicher, wenn Sie bereits an der Spitze stehen: Dann gilt vor allem das Benchbreaking und das Setzen neuer Standards, an denen sich dann die anderen orientieren, während Sie schon wieder um einiges weiter vorne sind.

Happy in the Middle: alles andere als mittelmäßig

Schauen Sie sich unsere AndersArtigkeits-Matrix etwas genauer an. In ihrer Mitte steht „Happy in the Middle“. Dort steht nicht „Stuck in the Middle“ – früher eine Bezeichnung für Unternehmens-Misserfolg und eine über Jahrzehnte postulierte These. Diese Zeiten sind vorbei. Wir sagen: Die Mitte ist nicht mittelmäßig. In der Mitte der AndersArtigkeits-Matrix geht noch ziemlich viel! Wen stört es zum Beispiel, dass die Kaffeebar von nebenan kein besonders sexy Business-Modell aufweisen kann oder kein Freaky Business hat oder dass sie nicht durch Niedrigpreispolitik auffällt – solange sie durch ihre eigene AndersArtigkeit funktioniert? Durch ihren Standort, ihre gemütliche Innenausstattung, ihre freundlichen Mitarbeiter, die Sie persönlich begrüßen. Man kennt sich und man mag sich. Die Kaffeebar um die Ecke kann ebenso „Happy in the Middle“ sein wie die Mode-Boutique nebenan. Wir möchten an dieser Stelle aber auf gar keinen Fall falsch verstanden werden. Diese Positionierung hat nicht das Geringste mit Mittelmaß zu tun oder soll gar als Ausrede dafür dienen. Wer glücklich in der Mitte sein möchte, macht sehr viele Dinge beständig sehr gut.

VW Polo: einfach zuverlässig

Nehmen Sie einen typischen Kleinwagen wie den VW Polo. Er hat keinen besonders niedrigen und auch keinen besonders hohen Preis, er ist nicht besonders anders und relativ artig. Er ist nicht sexy, nicht freaky, nicht sonderlich emotional, zwar ziemlich weit verbreitet, aber auch kein totales Massenprodukt. Er hängt einfach mitten in der Mitte und läuft immer weiter – und das erfolgreich. Sein Erfolg beruht auf seiner guten Qualität in sehr vielen Kategorien. Nichts ist außergewöhnlich, aber alles ist gut und diese Summe macht ein solches Produkt in der Mitte aus. Wenn wir bei dem Volkswagen-Konzern bleiben, so können wir gleiches über den Skoda Fabia oder den SEAT Ibiza sagen. Sehr viele Menschen verdanken diesen Autos eine zuverlässige Mobilität zu einem fairen Preis.[85]

Auch die Modebranche funktioniert so.

ZARA: schick und schnell

Ein Unternehmen aus der Modebranche, das sich beispielhaft in seiner „ganz persönlichen" goldenen Mitte bewegt, ist das Textilunternehmen ZARA: ZARA ist die bekannteste Produktions- und Verkaufskette des Inditex-Konzerns und hat weltweit etwa 25.000 Mitarbeiter und etwa 1.400 Läden in 74 Ländern auf vier Kontinenten, davon rund 275 in Spanien. ZARA verbindet verschiedene Elemente aus der AndersArtigkeits-Matrix so, dass das Unternehmen in keine Ecke passt: Es ist sehr innovativ, überwiegend billig und handelt mit Massenware. Der Modehändler folgt dem Geschäftsmodell des Content Retailers, welcher stets die aktuellsten Modetrends aufgreift und sich durch innovative Mode profiliert. „Cutting-Edge Fashion" zu bezahlbaren Preisen – das ist es, wofür ZARA aus Sicht des Kunden stehen soll und auch steht. Um sicherzustellen, sich stets am Puls der Zeit zu bewegen und die Konsumenten durch permanente Innovationen zu begeistern, braucht ZARA fundierte Markt- und Trendanalysen und eine Supply Chain, die schnell und flexibel auf Trends reagieren kann: Deshalb sind für ZARA Trendscouts unterwegs, die sich ständig auf Messen, in Geschäften, auf den Straßen und an den Hot Spots der angesagten Städte herumtreiben, um die wichtigsten Trends abzugreifen.

ZARA beschäftigt mehr als 200 Modedesigner, um alle Trends schnell umsetzen zu können. Die Kleidung wird ausschließlich in eigenen Geschäften verkauft, die sich in der Regel an attraktiven Standorten in Innenstädten und Einkaufszentren befinden. Einzige Werbung sind die Läden selbst – vor allem die Schaufenster.[86]

Weitere Unternehmensbeispiele der goldenen Mitte sind:

- VW Golf, der Wagen für die gleichnamige „Generation Golf“: unpolitisch, bequem, ohne Ecken und Kanten, hedonistisch – aber verdammt erfolgreich und bis heute ein Dauerbrenner.[87]

- airberlin: Als Billigfluglinie landete airberlin im Jahr 2008 bei Kundenbefragungen zum MarkenImage von Fluggesellschaften hinter Premium-Anbieter Lufthansa auf einem sagenhaften zweiten Platz! Bescheiden, genügsam, karger Service – und genau mit dieser Strategie „Happy in the Middle“.[88]

- Hertz: Das simpel gestrickte, mittlerweile schon Retro-Charme ausstrahlende Logo der Autovermietung bringt das Image und die erfolgreiche Mittelweg-Strategie des Unternehmens vortrefflich zum Ausdruck: nicht zu teuer, nicht zu billig, solider Service, keine Extravaganzen, Verlässlichkeit.[89]

- Becks, das Bier für jedermann. Alle mögen es, obwohl Bierkenner auf Becks herabschauen und Dosenbier-Trinker es als Premium-Marke betrachten. Auch preislich liegt es glücklich in der Mitte und ist damit seit Jahrzehnten ein Hit.[90]

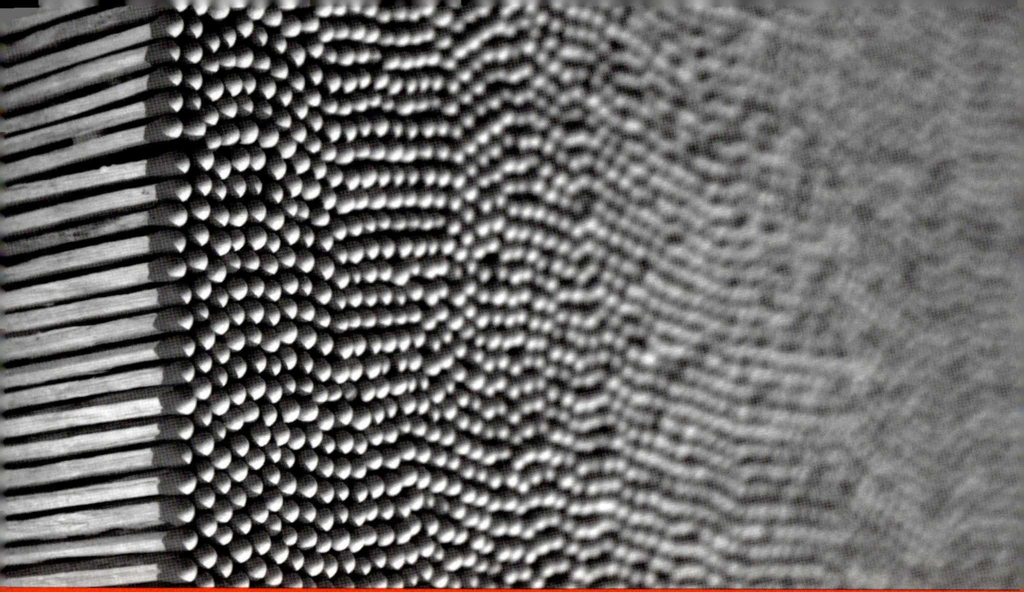

Big Business: die Masse macht erfolgreich

Betriebswirtschaftlich klar durchdachte Konzepte – eine konsequente Niedrigpreispolitik, die durch große Stückzahlen möglich wird – ein hoher Wiedererkennungswert – möglichst große Marktanteile als strategisches Unternehmensziel – hohe Qualitätsansprüche: Diese Strategie spielt bei vielen Unternehmenserfolgen durch AndersArtigkeit eine ganz entscheidende Rolle.

Aldi: massenhaft gute Qualität

Aldi ist als Global Discounter ein inzwischen klassischer Fall (für eine lange Zeit wäre dieses Unternehmen eindeutig freaky gewesen, da es aber nun durch seine Größe den Standard selbst setzt, ist es zum Big Business geworden): Die Unternehmensphilosophie entspricht dem für Konsumenten sehr attraktiven Leistungsversprechen „Gute Qualität zu Tiefstpreisen". Um dieser Leitidee gerecht zu werden, beschränkt sich Aldi auf ca. 1.000 bis 1.500 Artikel, ein standardisiertes Ladengestaltungskonzept, sehr effiziente

Organisationsprinzipien und ein klares Bekenntnis zum entsprechenden Discountkonzept. Jeder Mitarbeiter im Unternehmen soll seinen Beitrag leisten, um die Preisführerschaft weiter zu verbessern, egal, ob er in Einkauf, Logistik, Warenwirtschaft, Informatik, Lagerhaltung oder Verkauf tätig ist – das Discountkonzept wird auf allen Ebenen gelebt und entsprechend weiterentwickelt. Das Prinzip Einfachheit wirkt von Anfang an.[91]

Für positive Skaleneffekte gibt es zahlreiche Vorbilder in der Wirtschaft, nicht nur im Einzelhandel:

Hairkiller: Lizenz zum Abschneiden

Kennen Sie zum Beispiel die unverwechselbaren Hairkiller-Salons? Das sind Friseurläden, die mit der Kombination aus Low-Budget, hohem Qualitätsanspruch und betriebswirtschaftlicher Solidität einen ungeheuren Erfolg im schwer umkämpften Friseursalon-Segment erzielten: Im Jahr 2003 eröffneten die Gründer Edgar Krämer und Hans-Ulrich Annussek zunächst zwei eigene Salons. Bereits 2004 übersetzten sie ihr Erfolgsrezept in ein überregionales Lizenz-Konzept. Steffen Rau wechselte Anfang 2006 nach 20-jähriger Tätigkeit im Vertrieb der Wella AG als dritter Mann in die Spitze des jungen Hairkiller-Unternehmens. Im Jahr 2007 eröffnete in Deutschland bereits die 200. Hairkiller-Filiale, inzwischen vermeldet die Website 300. Was hinter der Erfolgsstory steckt, sind

Professionelles Management: Hairkiller-Inhaber können den eigenen Erfolg innerhalb der Hairkiller-Community anhand eines betriebswirtschaftlichen Salonvergleichs messen, der monatlich anonym nach Kennziffern veröffentlicht wird. Eine sogenannte „Lizenz zum Stylen“ wird bisher nur an bereits erfolgreiche Friseurunternehmer vergeben. Eine konsequente Niedrigpreispolitik spielt dabei eine nicht zu unterschätzende Rolle.

Kreatives Marketing: Solide und professionell ist das Konzept, schrill und frech ist hingegen die Positionierung. Denn nach außen präsentieren sich

Hairkiller-Salons kommunikativ und cool: funktionale, geradlinige Einrichtungen in peppigem Rot und Schwarz, grelle Graffitis und schwarz gekleidete Mitarbeiter sprechen in erster Linie junge und modebewusste Menschen an. Einerseits haben Hairkiller-Salons einen hohen Wiedererkennungswert und doch ist jeder Standort anders. Trotz Zielgruppenorientierung lässt das logisch aufgebaute, umfassende Konzept bewusst Freiräume für die eigene Kreativität der Lizenznehmer.

Sonderkonditionen und Schulungen für Lizenznehmer: Die betriebswirtschaftliche Anleitung für Lizenznehmer ist das sogenannte „Hairkiller-Handbuch", in dem umfassende Dienstleitungen zu Sonderkonditionen angeboten werden – von kompletten Aktionspaketen über individuelle Werbemittel bis hin zu Mitarbeiterschulungen und BWL-Beratung.[92]

Quelle: www.hairkiller.com

C&A: Mode für alle

Eine ebenso konsequente „Big Business"-Politik betrieb jahrzehntelang der niederländische Textilhändler C&A, der bereits im Jahr 1911 sein erstes Kaufhaus in Deutschland eröffnete. C&A hat die Philosophie „Mode in guter Qualität und zu günstigen Preisen". Und das gilt dort nicht nur für Schnäppchen, sondern für die gesamte Produktpalette, die von trendy bis klassisch reicht. C&A stellt an sich selbst den Anspruch, jeden Geschmack zu bedienen und jeden Wunsch seiner Kunden zu erfüllen. „Unser Handeln wird von einem zentralen Gedanken geleitet: Wir wollen zufriedene Kunden, Mitarbeiter, Lieferanten und Partner", hat die Unternehmensführung als Leitsatz formuliert.[93]

Fressnapf: Futter muss nicht teuer sein

Ein jüngeres Erfolgsbeispiel ist Fressnapf, eine Zoohandelskette mit Stammsitz in Krefeld. Bereits 2009 steigerte das Franchise-Unternehmen den Umsatz nach eigenen Angaben um 12,2 Prozent auf 1,2 Milliarden Euro. Die Zahl der Mitarbeiter ist europaweit um rund 1.000 auf mehr als 8.000 gestiegen. Knapp 7.000 davon arbeiten in den deutschen Märkten. In Deutschland steigerte die Kette den Umsatz um neun Prozent auf 830 Millionen Euro. Noch stärker als in Deutschland wächst Fressnapf jedoch nach eigenen Angaben im europäischen Ausland. In elf Ländern, in denen Fressnapf zumeist unter dem Namen Maxi Zoo firmiert, konnte das Unternehmen bereits 2009 ein Umsatzplus von 20,5 Prozent auf rund 356 Millionen Euro verbuchen. Dabei sah Fressnapf zunächst gar nicht nach einer Erfolgsgeschichte aus: Im Jahr 1990 eröffnete der heutige Geschäftsführer Torsten Toeller eine Zoofachhandlung namens „Fressnapf", der schon ein halbes Jahr später die Pleite drohte. Daraufhin änderte Toeller das Konzept: Er verdoppelte das Sortiment, senkte massiv die Preise und wurde zum Fach-Discounter. Wirklich Big Business![94]

Weitere Unternehmensbeispiele sind:

- **Lidl:** Eine aggressive Niedrigpreis-Politik, die starke Präsenz von Herstellermarken und eine hohe Artikelanzahl im Vergleich zu anderen Discountern hat dazu geführt, dass das Unternehmen innerhalb kürzester Zeit im Big Business mitmischte: Bereits vor drei Jahren überholte es den bisherigen Marktführer Aldi bei der Zahl der europaweiten Filialen.[95]

- **McCafé:** Das Shop-in-Shop-System ist mit seiner hochwertigen Lounge-Atmosphäre in bestehende Restaurants der Hamburger-Kette McDonald's integriert und kommt bei den Kunden sehr gut an. Mit McCafé erreicht McDonald's neue Zielgruppen, die hervorragend das klassische Angebot im Restaurant ergänzen. Im Jahr 2009 ist McCafé bei Umsatz und Gästezahlen prozentual sogar stärker gewachsen als das Kerngeschäft in den Restaurants.[96]

- **Skoda:** Obwohl einige die Nase rümpfen, bietet die VW-Tochter Autos an, deren Luxus hinter einer unscheinbaren Fassade liegt. Bei Skoda gibt es VW-Technik zu reduzierten Preisen, ausgezeichnete Qualität gepaart mit einem hervorragenden Preis-Leistungs-Verhältnis.[97]

- **EasyJet:** Kein anderes Luftfahrtunternehmen hat die Prinzipien der Billigflieger derart erfolgreich auf die Spitze getrieben wie das britische Unternehmen EasyJet. Trotz Aschewolken, stagnierender Wirtschaft und Rückgängen in der Touristik konnte es in den vergangenen Jahren Umsatz und Gewinn kontinuierlich steigern. Heute bietet es über 500 Destinationen in 118 Staaten der Welt an.[98]

Emotional Business: auffallend artig

Relativ hochpreisig, relativ artig und doch als „Hero“ den Markt erobernd. Wie schafft man das? Wir haben hier eine Reihe von Beispielen zusammengetragen, die zeigen: Das geht!

Jägermeister: nichts für zahme Hirsche

Bis in die neunziger Jahre galt der Kräuterschnaps Jägermeister als Getränk für Rentner. Dann wurde das Image des Magenbitters radikal verjüngt: Seit 2000 besuchen junge Frauen in knapper Kleidung, sogenannte „Jägerettes“, Bars und spendieren den Gästen eiskalten Jägermeister in Reagenzgläsern. Die sprechenden Werbe-Hirsche Rudi und Ralph haben das Image weiter aufgefrischt. Mit dem Ergebnis, dass Jägermeister vor allem bei jungen Leuten in den USA ein Renner ist. Der Umsatz der Mast-Jägermeister AG stieg von 182 Millionen Euro im Jahr 1998 auf 312 Millionen Euro (2006).[99]

Rewe: „Besser leben"

Anfang 2013 wurden in drei neuen, von der Berliner Agentur Heimat kreierten Spots die Rewe-Stärken wie lange Öffnungszeiten, Bargeldservice und breites Sortiment präsentiert. Die Art der Inszenierung hält sich nicht an die üblichen Konventionen der Handelswerbung, sondern ist konsequent andersArtig. Keiner der drei Spots spielt in einer realen Rewe-Filiale. Das Unternehmenslogo mit der Aufforderung „Mach dir dein Leben einfacher" erscheint am Ende des jeweiligen Spots zusammen mit dem Markenclaim „Besser leben". Durch diese emotionale Imagewerbung wird das Bild der eigenen Marke gestärkt.[100]

Edeka: „Super Markt. Super Marke. Super geil"

Edeka geht noch weiter: Hier heißt es nicht nur „Wir lieben Lebensmittel", sondern seit 2014 auch „Super Markt. Super Marke. Supergeil". Das Webspecial „Super Markt. Super Marke. Supergeil" war Anfang 2014 und auch noch viele Wochen danach ein Hype im Internet. Sein Star: der Schauspieler Friedrich Liechtenstein, der überzeugend in sieben unterschiedliche Rollen schlüpft. Mit diesem Webspecial wurden insbesondere die jüngeren Zielgruppen erreicht. Das Ergebnis: Das Werbespecial hatte in den ersten 20 Stunden bereits mehr als 200.000 Klicks, bis Ende Juni 2014 wurde es über 11 Mio. Mal angesehen. Ein echter Internet-Hit. Mit den Supergeil-Clips von Jung von Matt setzt Edeka einen neuen Maßstab in der Handelsmarken-Werbung.[101]

Starbucks: Kaffee bei Freunden

Mal ehrlich: Hätte ich Ihnen vor 15 Jahren erzählt, dass wir einmal Kaffee aus Pappbechern trinken werden (im Stehen!), den wir in Selbstbedienungsläden für 8,40 DM pro Becher kaufen, Sie hätten mich rausgeschmissen (Cay bringt dieses Beispiel oft in seinen Seminaren ... und die meisten Teilnehmer stimmen zu).

Wie auch immer: Die Amerikaner haben es geschafft, aus einem schlichten Kaffee ein Lebensgefühl zu kreieren. Das ungeheuer emotionale

„Starbucks-Erlebnis" beginnt bereits mit der Vorfreude auf den Besuch dieser einzigartigen Kaffeebars: Man freut sich auf die moderne, relaxte Atmosphäre, auf den lockeren Ton der freundlichen Mitarbeiter, die jeden Gast empfangen, als wäre er ein persönlicher Kumpel. Mindestens genauso wichtig ist die kostenlose Wireless-LAN-Verbindung, mit der man hemmungslos im Internet surfen kann, während man Kaffee von hoher Qualität genießt.

Starbucks ist derart erfolgreich, dass selbst der Fast-Food-Gigant McDonald's das Konzept mit „McCafé" nachahmt und damit dem einstigen Marktführer bedrohlich nahe kommt. Doch Howard Schultz, dem Gründer und Aufsichtsratschef von Starbucks, ist der AndersArtigkeits-Zyklus offenbar mehr als bewusst: Mittlerweile braut Starbucks nicht nur exotische und teure Kaffee-Kreationen, sondern verlegt Musik-CDs, beteiligt sich an Filmproduktionen und bringt in Zusammenarbeit mit Random House Audio-Bücher für Kinder in seine Regale. Starbucks ist nicht einfach Getränkeausschank, sondern Lebensart, ein klassisches Erlebnisprodukt.[102]

Balzac Coffee: eine große Sache

Kaffee aus Pappbechern war in Deutschland alles andere als populär, als Vanessa Kullman 1998 – nach einem inspirierenden Aufenthalt in New York, bei dem sie das Coffeeshop-Konzept kennengelernt hatte – ihren ersten Coffeeshop eröffnete. Das Kaffeehaus-Konzept von Balzac, das mittlerweile rund 30 Coffeeshops in Hamburg, Berlin, Hannover und Lübeck betreibt, ist dem von Starbucks ähnlich – doch geht Balzac noch einen Schritt weiter, indem es sich von dem Fast-Food-Café-Ketten-Image distanziert und stattdessen auf Frische und Abwechslung setzt. An der Wand jeder Filiale hängt eine Tafel, die die sehr hohen Qualitätsstandards skizziert: „10 Dinge, die Sie vielleicht noch über uns wissen sollten."

Wir ...

... garantieren, dass unsere Bohnen ab dem Röstdatum nur 10 Tage im Regal stehen.

... bieten regelmäßig saisonale Sonderröstungen als besondere Highlights.

... brühen jeden Kaffee aus dem Regal auf Wunsch zum Probieren auf.

... sorgen dafür, dass unser aufgebrühter Kaffee innerhalb einer Stunde verbraucht wird.

... mahlen die Bohnen für unsere Espressospezialitäten immer erst unmittelbar vor der Zubereitung.

... benutzen einen frisch gebrühten Espresso-Shot immer nur innerhalb von zehn Sekunden.

... schäumen unsere Milch nur bis 68° Celsius, damit sie nicht verkocht.

... schäumen Milch nie zweimal auf.

... gehen in der Zubereitung jeder Espressospezialität auf jeden Kundenwunsch individuell ein.

... beraten Sie gerne in der Auswahl Ihres Getränks.

Zur Corporate Identity der Cafés gehört außerdem die charakteristische Innenausstattung in warmen Farben und mit großen Wandmalereien.

Gründerin Vanessa Kullmann hat übrigens auch einen Wirtschafts Bestseller geschrieben: „*Keine große Sache – Coffee to go oder wie man den Traum vom eigenen Unternehmen verwirklicht.*" Darin unterstreicht sie, wie sehr es auf die Positionierung ankommt und wie sehr die Positionierung selbst sich dann in Marketing verwandeln kann.[103]

Süllberg & Karlheinz Hauser: die höchste Küche Hamburgs

Bleiben wir zum Thema Positionierung zunächst im hohen Norden und zwar an der Elbe bei Karlheinz Hauser auf dem Süllberg. Der Gastronom aus Leidenschaft, dessen Lebenslauf schon eine Erfolgsstory für sich ist, schafft es immer wieder, seine Gäste (Kunden) emotional zu überraschen.

Mal ehrlich, haben Sie schon einmal in einer Almhütte gesessen, hausgemachten Kaiserschmarrn mit Zwetschgenröster – im traditionellen Pfandl serviert – genossen und dabei einen großen Dampfer vorbeiziehen sehen? Sicher nicht ... denn das hat es noch nie gegeben. Nach dem Motto „Rauf auf die Almhütt'n auf Hamburgs höchstem Berg mit Elbblick!“ können in einer authentischen Erdinger Urweisse-Hütte in Hamburg-Blankenese an der Elbe seit November 2011 in den Wintermonaten 100 bis 120 Gäste im rustikalen, aber sehr gepflegten Hüttenambiente das besondere kulinarische Angebot von Karlheinz Hauser genießen. Hausgemachter Glühwein und zünftige Musik am Abend runden den Hüttenflair entsprechend ab.

Die Almhütte ergänzt das Süllberg-Ensemble, bestehend aus dem Gourmetrestaurant Seven Seas, dem Bistro, einem Ballsaal für Veranstaltungen, einem Hotel sowie einem Biergarten im Sommer. „Die Mischung macht's. Hier ist für jeden Gast etwas dabei", ist Hausers Devise. Dass ihm das nicht genug der Positionierung ist, zeigen seine vielen anderen Aktivitäten wie beispielsweise exklusive Caterings bei der Goldenen Kamera, Beratungsprojekte bei Donald Trump, die Entwicklung von Menüs für die First- und Business-Class auf den Lufthansa-Langstreckenflügen oder aber auch seine Einsätze als Gastkoch auf der MS Europa oder als Fernsehkoch für ein Millionenpublikum im „ARD-Buffet". Karlheinz Hauser ist damit nicht „nur" ein Gastronom aus Leidenschaft, sondern darüber hinaus ein Business-Manager par excellence.[104]

Confiserie Coppeneur: weniger ist oft mehr

Discounter mit ausgewählten Premium-Produkten, Edelmarken mit Preisnachlässen – die Differenzierung wird immer schwieriger. In dieser Situation hat sich Oliver Coppeneur, Inhaber und Geschäftsführer der Confiserie Coppeneur et Compagnon in Bad Honnef, für ein radikal anderes Wirtschafts- und Gesellschaftsmodell entschieden. Seine Schokoladen und Pralinen sieht Oliver Coppeneur nicht als Lebensmittel, sondern als Genussmittel, die mit allen Sinnen erlebt werden sollen. Verpackung, Aufmachung und Fertigung inspirieren alle Sinne, ob das Visuelle mit den kräftigen Farben der Verpackungen

oder die Haptik, ob der Geruch oder schließlich die unnachahmliche geschmackliche Harmonie für den Gaumen.

Ganz dem Trend der Zeit folgend, bedeutet Luxus für Coppeneur: „Weniger ist oft mehr." Weil sich viele Menschen nach dem Verzehr einer Tafel Schokolade nicht mehr wohlfühlen, wiegen seine Schokoladentafeln nur 25 statt 100 Gramm und etliche Pralinen bringen sechs statt der typischen 12 Gramm auf die Waage. „Mit wie viel Gramm ich den intensiven Geschmack an den Rezeptoren des Menschen auslöse, spielt eine absolut untergeordnete Rolle. Es kommt auf die Qualität der Zutaten, aber auch auf die Haptik, die Präsentation, die emotionale Qualität an. Wenn ich eine mindere Qualität einsetzen würde, könnte ich dieses Ergebnis und dieses Glücksgefühl bei den Menschen niemals erreichen", erklärt der engagierte Konditormeister. Und schließlich verfolgt Coppeneur seit 2005 mit dem Konzept „Cru de Cacao" mit großer Hingabe den Traum von der eigenen Ursprungs-Schokolade, um die Authentizität des wertvollen Rohstoffs am besten zu vermitteln. So ist die Confiserie Coppeneur einer der ganz wenigen Schokoladenhersteller in Deutschland, die noch von der Bohne auf produzieren.

In 17 Jahren hat sich die Confiserie Coppeneur einen besonderen Platz in der Riege der internationalen Chocolatiers erarbeitet. Ein Jahr des Wachstums folgte auf das nächste, so dass das Unternehmen heute rund 100 Mitarbeiter in Lohn und Brot hat. Mit Mut zur AndersArtigkeit ist es Coppeneur gelungen, aus dem Preiskampf aufgrund von nahezu identischen Angeboten zu entfliehen.[105]

vitra Haus, der Hort der vitra Home Collection

vitra: Die Kraft des Designs

Der vitra Campus ist ein andersArtiger Ort, an dem Möbel ganz anders in Szene gesetzt werden. Es geht dabei um die Vermittlung einer Haltung, von Kultur und Werten. Die äußere Gestalt eines Objektes wirkt dabei auf das Bewusstsein des Nutzers und so wird jedes Möbelstück, als Kunstwerk, zu einem Teil eines großen Konzeptes. Auf diesem vitra Campus ist seit dem Jahr 2000 das Büro der Zukunft zu sehen, in dem die Mitarbeiter der Firma vitra täglich arbeiten und Höchstleistung erbringen. Design und Konzept wirken hier im alltäglichen Handeln und zeigen dem Käufer solcher Möbel deren Wirkung ganz praktisch und erlebbar.

Seit den 50er Jahren setzt vitra sowohl mit ihren Möbeln, als auch mit ihren Gebäuden Standards in Design und Architektur. Dadurch wird die Art, wie, wo und womit Menschen arbeiten, in einer ganz besonderen, andersArtigen Weise beeinflusst und verändert. Was in den letzten zehn Jahren mit dem iPhone zu einem Handy-Kult durch den Faktor Design geworden ist, praktiziert vitra bereits seit mehr als 60 Jahren und wurde damit zu einem Trendsetter über die Jahrzehnte.

Die Wirkung der Räume, der Gestaltung und der vielfältig schönen und besonderen Möbel zu entdecken, war ein ganz besonderes Highlight auf der Suche nach AndersArtigkeit. Design ist ebenso wichtig wie Funktion und ein guter Weg der AndersArtigkeit. Dies zeigt vitra mit seinem „Citizen-Office" in Weil am Rhein sehr deutlich.[106]

Weitere Beispiele:

- **Walter Knoll:** „Walter Knoll gehört zu den international führenden Herstellern hochwertiger Polstermöbel und anspruchsvoller Objekteinrichtungen. Unsere Produkte gestalten Lebensräume: mit klassischem und modernem Design, mit höchstem Komfort und langer Lebensdauer." [107]

- **BMW:** Schon seit 1965 bildet bei BMW der Slogan „Freude am Fahren" das emotionale Fundament der Unternehmenskommunikation. Bis heute bleibt BMW seinem Claim treu, greift das Thema aber in verschiedenen aktuellen Slogans wie „Freude ist jung" oder „Freude sagt niemals nie" wieder auf.

- **Audi:** Geschäftsreisende, die aus Asien zurückkommen, berichten immer wieder, dass ihnen unterwegs zahlreiche Menschen begegnet sind, die einen einzigen deutschen Satz beherrschen: „Vorsprung durch Technik", den Claim des Autoherstellers Audi. Keine andere Automarke spricht das Gefühl technikverliebter Autofans derart heftig an.[108]

- **Lufthansa:** Marktforscher der Universität München fanden 2008 heraus, dass Lufthansa – über einen längeren Zeitraum betrachtet – der deutsche Konzern mit dem besten Image ist. Emotional stimmt hier einfach alles: Ein Flug mit Lufthansa ist zwar teuer, aber sicher, angenehm, serviceorientiert und sorgenfrei.[109]

Emotionen, lautet also das Zauberwort, wenn es darum geht, Menschen zu begeistern. Nur wenn Sie es schaffen, die Menschen emotional zu berühren, können Sie sie überzeugen und gewinnen.[110]

Der heikle Umgang mit Emotionen

Eigentlich hatten wir uns entschieden, Ihnen keine Negativbeispiele aufzutischen, um Ihnen nicht den Mut zur AndersArtigkeit zu nehmen. Doch das Scheitern der Dove-Kampagne, die die Unilever Deutschland GmbH vor sechs Jahren startete, ist einfach zu anschaulich. Denn es zeigt, dass „emotionale Inszenierungen" auch nach hinten losgehen können. Warum? Weil sie unangenehme Gefühle provozieren.

Wichtig:
Es geht darum, mit Emotionen möglichst angenehm anders zu sein als andere!

Im Jahr 2005 lancierte Unilever für seine Körperpflegemittel-Marke Dove eine neue Werbekampagne mit Plakatmotiven, auf denen diesmal keine schlanken Supermodels zu sehen waren. Ganz im Gegenteil: Unilever entschied sich gegen die „Sex sells"-Strategie, engagierte Frauen von der Straße und stellte sie in den Mittelpunkt der Kampagne. Die Hobbymodels traten mit ihren Makeln und Pfunden auf, sie waren normal- bis leicht übergewichtig und entsprachen nicht dem gängigen Schönheitsideal – ein mutiger Schritt.

Die Kampagne sollte Frauen vermitteln, dass schön nicht gleich schlank bedeuten muss! Die Werbung war nicht nur einmalig provokant, sondern polarisierte vor allem durch ihre Verneinung des allgemeinen und oft kritisierten Schönheitsideals.

Allerdings zeigte im März 2010 eine Studie der Arizona State University (ASU), dass die Kampagne einen negativen Einfluss auf das Selbstwertgefühl potenzieller Käuferinnen hat: „Es ist nicht anzunehmen, dass Konzerne ihren Umsatz durch Übergrößen-Models steigern können", bilanzierte Naomi Mandel, Professorin für Marketing an der ASU. Normalgewichtige Frauen fühlten sich vielmehr schlechter, wenn sie füllige Models in einer Werbung sahen. Für die Studie wurden Testpersonen mit niedrigem, durchschnittlichem und hohem Body Mass Index (BMI) dazu befragt, welche Wirkung verschiedene Models auf sie hätten.

Das interessante Ergebnis: Frauen mit einem niedrigen BMI fühlten sich von jedem Figurtyp in ihrem Selbstbewusstsein bestärkt, da sie sich mit den schlanken Frauen identifizierten und von den molligen abgrenzten. Die Teilnehmerinnen mit einem hohen BMI hingegen reagierten durchwegs negativ: In den Bildern von schlanken Models, die das gegenwärtige Schönheitsideal bestimmen, konnten sie sich zwar nicht wiederfinden – die Plus-Size-Models hingegen schienen ihnen zu suggerieren, dass sie zu dick seien. Die wohl stärksten Reaktionen zeigten normalgewichtige Frauen: Während sie sich beim Anblick schlanker Models gut fühlten, sank ihr Selbstbewusstsein beträchtlich, wenn ihnen mollige Frauen gezeigt wurden![111]

Freaky Business: kreativ anders

AndersArtigkeit über Emotionen sollte nicht über negative Emotionen angepeilt werden, da diese den Kaufimpuls dämpfen. Achten Sie darauf, dass ihr Marketing mit positiven Gefühlen arbeitet!

Dort, wo alle sind, ist wenig zu holen. Wer Wettbewerbsvorteile erringen will, muss anders als die anderen sein. Der radikalste Weg dorthin ist der Weg des „Freaky Business“: Unternehmen, die Regeln brechen und neue Wege gehen. Zu den prominentesten dieser Art aus der Wirtschaftswelt zählen:

- Google – erreichte in fünf Jahren einen Marktanteil von 75 Prozent
- eBay – gewann aus dem Nichts heraus 21 Millionen Kunden
- IKEA – erzielte 100 Prozent Wachstum in fünf Jahren

Wie man bestehende Branchenregeln bricht und neue aufstellt, wollen wir jedoch an einem ganz anderen Beispiel illustrieren: an Abercrombie & Fitch. Dazu möchten wir etwas weiter ausholen.

Abercrombie & Fitch: Kunden stehen Schlange

Abercrombie & Fitch hat als börsennotiertes Modeunternehmen mit seiner innovativen Strategie, „einfach alles anders zu machen als die anderen" eine besondere Erfolgsgeschichte vorzuweisen. Zu Abercrombie & Fitch, die insgesamt 792 Filialen besitzen, zählen unter anderem auch die Marken abercrombie, Hollister und Ruehl. Typisches Merkmal von A&F-Kleidern sind der Elch (Moose) und der Vintage-Look, d.h. abgenutzte, verwaschene und sexy aussehende Klamotten. Der Firmenname geht zurück auf David Abercrombie, der 1892 Abercrombie & Co. gründete und einen Campingladen am Hafen von Manhattan eröffnete. Ezra Fitch, damals Rechtsanwalt und leidenschaftlicher Camper, suchte eine neue berufliche Herausforderung und stieg in das Geschäft von David Abercrombie ein. 1904 wird der Name Abercrombie & Co. offiziell zu Abercrombie & Fitch, der heute oftmals in der relevanten Zielgruppe unter „A&F" läuft.

Aber nicht nur der Elch und der Vintage-Look in Kombination mit einem günstigen Preis führen zur Beliebtheit bei Jugendlichen und zur Erfolgsgeschichte von A&F. Darüber hinaus ist es auch die Vermarktung, die ganz anders ist als die der Wettbewerber und gegen generelle traditionelle Regeln der Einzelhandels-Branche verstößt. Was wir damit meinen, möchten wir Ihnen anhand einer persönlichen Erfahrung zeigen:

Ich (Silvie) war schon sehr verwundert, dass Cay – als ich den Namen „Abercrombie & Fitch" zum ersten Mal erwähnte – mit dieser trendigen Marke absolut nichts anfangen konnte (okay, okay ... vielleicht zählt er auch nicht gerade zur Kernzielgruppe. Er trägt die Sachen inzwischen aber sehr gern ...).

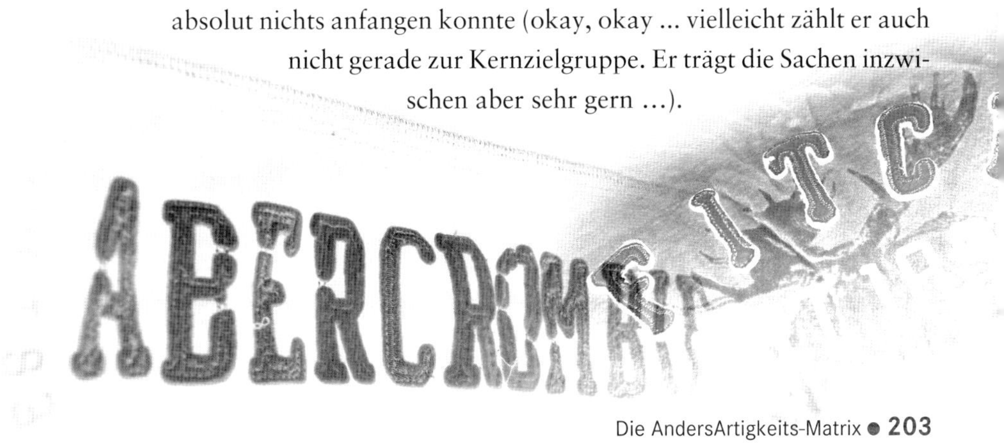

Er hatte noch nie von ihr gehört! Zu diesem Zeitpunkt ahnte er noch nicht, dass sein elfjähriger Sohn León wenige Wochen später von dem A&F-Virus infiziert werden sollte und seitdem nichts anderes mehr tragen will als Klamotten von A&F. Als wir wenig später zum NY-Marathon in New York waren, sollte es auch ihn erwischen. Einen Tag nach dem Marathon (wir hatten ihn mit Qualen, aber dann doch erfolgreich bewältigt und waren überglücklich) standen wir mit Schmerzen in Waden und Oberschenkeln tapfer in der Schlange vor Abercrombie & Fitch. Noch immer hielt Cay mich und die anderen Schlangensteher (zum Teil mit stolzgeschwellter Brust die Marathon-Medaille tragend) für schlichtweg verrückt. Sein vorwurfsvoller Blick schien zu sagen: „Was machen wir eigentlich hier? Wieso müssen wir für einen solchen Laden anstehen, wenn es doch so viele andere coole Shops in New York gibt? Musst du mir das einen Tag nach dem Marathon antun?" Doch als wir dann den Laden betraten und von leicht bekleidetem A&F-Personal empfangen wurden, änderte sich Cays Haltung von einer Minute auf die andere: Das andersArtige A&F-Konzept haute ihn schlichtweg um: laute Musik, chillige Atmosphäre, coole Ware zu gerechtfertigten Preisen. Zusammen schuf dies einfach ein Ambiente, das zum Kauf anregt. Auch Cay ließ sich von der A&F-Faszination anstecken, geriet in einen für ihn untypischen Kaufrausch, der sich auch von einem steckengebliebenen Fahrstuhl, in dem wir für gefühlte Stunden eingesperrt waren, nicht bremsen ließ. Immerhin war dies echt andersArtiges Einkaufen.[112]

Fielmann: Design auf Rezept

Auf das Brechen von ungeschriebenen Regeln einer Branche ist auch die Erfolgsgeschichte der Optiker-Kette Fielmann zurückzuführen: War es bei Optikern immer üblich gewesen, Brillen, Kontaktlinsen und Pflegemittel so billig wie möglich einzukaufen und so teuer wie möglich abzusetzen, damit Gewinnspannen bis zu 300 Prozent zu realisieren und Kassengestelle optisch als unakzeptable „No-Gos" anzubieten, hat Fielmann, was diese Punkte betrifft, den Markt revolutioniert. Die Key Facts des Erfolgs sehen im Zeitablauf der Unternehmensgeschichte wie folgt aus:

- Formschöne Kassenbrillen, Markengestelle und -gläser zu günstigeren Preisen als der Wettbewerb

- Vertrag mit den AOK: Versicherte können zwischen 640 modischen Brillengestellen „zum Nulltarif“ wählen.

- Geld-zurück-Garantie: Wer seine Brille bei einem anderen Optiker innerhalb eines gewissen Zeitraums billiger entdeckte, bekam sein Geld zurück.

- Drei-Jahres-Garantie: ein weiterer Affront gegen die Branche, bei der Reparaturen manchmal fast so teuer waren wie ein Neukauf

- Brillenversicherung: Kooperation mit Versicherungsunternehmen

Mit diesen revolutionären Neuerungen wurde Fielmann in wenigen Jahren zu Deutschlands führender Optikerkette und hat über 15 Millionen Bundesbürger – das ist fast jeder Fünfte! – mit einer Brille versorgt. Aus jeder Gesundheitsreform ist der Optikergigant gestärkt hervorgegangen und nimmt nun die übrigen Europäer ins Visier.[113]

Vapiano: Pizza, Pasta und Palaver

Unglaublich, aber es geht doch: Man kann auch das Prinzip der Pizzeria neu erfinden. Das beweist die Selbstbedienungskette Vapiano, die im Oktober 2002 an den Start ging. Heute bereiten Köche an 68 Standorten in 17 Ländern Pizza, Pasta, Pesto, Salat und Dolci vor den Augen der Gäste zu, die ihre Bestellung selbst zu den langen Tischen tragen.

Der Name Vapiano leitet sich von dem italienischen Sprichwort „Chi va piano va sano e va lontano“ ab. Das heißt auf Deutsch: Wer alles im Leben locker und gelassen angeht, lebt gesünder und länger. Deshalb müssen die Gäste auch nicht ordentlich an ihren Plätzen sitzen bleiben. Weil alle Bestellungen auf einer Chipkarte gespeichert werden, kann jeder seinen Platz so oft wechseln, wie er will. Die Tische im Restaurant sind absichtlich im XXL-Format, damit die Gäste ins Gespräch kommen. Sie sollen sich fühlen wie bei Freunden. Der Kräutergarten und die frischen Kräuter auf den Tischen in jedem Restaurant sind nicht nur Dekoration, sie verfeinern auch jedes Gericht. In jedem Vapiano steht ein echter, mindestens einhundert Jahre alter Olivenbaum.

Quelle: www.vapiano.de

Für Gastro-Experten ist Vapiano einer der stärksten Aufsteiger des Jahrzehnts: Die Küche und das ungewöhnliche Konzept kommen weltweit gut an und im kommenden Jahr soll der Umsatz noch einmal deutlich wachsen.[114]

LaBaracca: E-Menü per Touchscreen

So verwundert es nicht, dass der Vapiano-Erfinder Mark Korzellius im letzten Jahr gleich ein weiteres „Baby" auf den Markt gebracht hat: Das „LaBaracca" auf dem Maximilianplatz in München. Als ich (Silvie) mich vor wenigen Tagen dort mit einem potenziellen Kunden, der dieses Lokal vorgeschlagen hatte, traf, war ich zunächst skeptisch, und zwar aufgrund der Tatsache, dass sich das Lokal in einem ehemaligen Autohaus befindet und mich beim ersten Blick spontan an eine Baracke denken ließ. „Baracca" bedeutet zwar wortwörtlich übersetzt auch „Baracke" oder „Bruchbude", im übertragenen Sinne ist hier aber eher Budenzauber gemeint ... und der ist gelungen: viele interessante Details, ein Kassenhäuschen zur Chipkartenausgabe, ein offener Kamin, Decken aus losen Holzlatten, eine großzügige Lounge mit turnmattengroßen Sitzquadern und Seitpferd, eine Weinbar mit 84 offenen Flaschen (an der Selbstbedienung gilt und auch ein Probierschluck gezapft werden kann – beim Tignanello ist es dann nicht nur bei einem solchen geblieben ;-).

Das Herzstück der LaBaracca bildet eine hohe, verglaste Antipasti-Station mit Spezialitäten wie luftgetrocknetem Schinken und italienischer Salami. Das gesamte Design will eine Brücke schlagen zwischen Vintage und internationaler Gemütlichkeit, unter anderem durch eine Kombination aus vielen alten und neuen Hölzern, von denen auch der Name des Lokals inspiriert ist. Ein absolutes Highlight ist eine in Leder gebundene Speisekarte mit Touchscreen an jedem Platz, das sogenannte E-Menü. Die iPhone-Generation weiß gleich, was Sache ist – und stellt per Fingertip ihr Wunschmenü zusammen: Schon geht die Bestellung in die Küche und gelangt nach wenigen Minuten durch Servicemitarbeiter auf den eigenen Tisch. Dank moderner Computertechnologie können Veganer, Vegetarier und Allergiker ihre Auswahl bequem einschränken. Die Portionen sind bewusst klein gehalten, die Preise dafür angemessen. Die persönliche Chipkarte speichert alles – vom Aperitif über die Speisen und den Wein bis hin zum letzten Absacker.

Nicht nur ich, auch mein Kunde (auch in einer Baracke lassen sich Geschäfte abschließen) waren begeistert. Aber auch Cay, der am späteren Abend dazustieß und derartige Lokalitäten zunächst stets kritisch betrachtet, bewertet wie der Prinz[115] die „Baracca", in der – zumindest derzeit noch – an den beliebten Ausgehtagen eine wochenlange Vorreservierung notwendig ist, als fantastisch (Küche: vier Sterne, Atmosphäre: fünf Sterne).[116]

Groupon: erfolgreiche Zettelwirtschaft

Das jüngste Beispiel, das wir hier aufführen möchten, ist der neue Freaky Star „Groupon". Die Firma verdient ihr Geld mit Rabatt-Gutscheinen insbesondere (derzeit noch) für Online-Händler, Restaurants, Friseure und Sonnenstudios.[117] Groupon bewirbt auf seiner Website für jede Großstadt täglich neue Gutscheine. Wer einen kaufen möchte, bestellt und zahlt ganz einfach online. Ein paar Stunden später kommt dann der Gutschein per E-Mail ... und schon kann's ans Einlösen gehen.

Groupon finanziert sich, indem das Unternehmen rund die Hälfte des Preises der verkauften Gutscheine für sich behält und den Rest an den Gutscheinanbieter weitergibt. In München konnte man im Januar 2011 einen Gutschein für ein Valentinstagsmenü zum halben Preis kaufen, in Koblenz einen Gutschein für einen Haarschnitt für zehn statt 30 Euro und im Internet bot ein Weinhändler einen 50-Euro-Gutschein zum Preis von 20 Euro an. Nach zwei Jahren macht Groupon – mittlerweile in 40 Ländern tätig – bereits einen Riesenumsatz: Schätzungen schwanken zwischen 800 Millionen und zwei Milliarden Dollar.

„Regeln brechen", lautet das Konzept des 30-jährigen Gründers Andrew Mason. So hat er offenbar auch keine Lust, seinen Laden für fünf bis sechs Milliarden Dollar von Google kaufen zu lassen. Ein wirklich andersArtiger Typ – so konnte man ihn zumindest auf der Digitalkonferenz DLD (Digital, Life, Design) von Hubert Burda Media in München im Januar 2011 wahrnehmen. Möglicherweise geht Groupon demnächst an die Börse. Diesen Weg peilen auch andere andersArtige Unternehmen an, zum Beispiel Facebook und Twitter.[118]

„Vom Schulhof auf den Unternehmerstuhl und zurück“

Ein besonderes Beispiel für „Freaky Business“ haben wir gefunden, das zeigt, dass AndersArtigkeit nicht nur Unternehmen im klassischen Sinne betrifft. Nach unserer Auffassung gelten die in diesem Buch dargestellten Prinzipien auch für Vereine, Verbände, Gemeinden, Kirchen, Klöster, Universitäten und auch Schulen. Nicht immer müssen Geld und Profit im Vordergrund stehen, obwohl in allen genannten Einheiten auch mit Geld und Aufmerksamkeit gewirtschaftet werden muss. Der Profit muss kein zentrales Ziel sein, doch gesundes Wirtschaften ist allemal wichtig. Und genau dies lernen die Schüler im folgenden Beispiel in absolut andersArtiger Weise. In wie vielen Schulen agieren denn bereits Schüler als Unternehmer? Hier kommt ein Projekt, das Schule machen sollte:

JUKon: Anders Wirtschaft lernen

Die Schülerfirma JUKon ist ein global agierender Konzern.[119] Die Gesellschafter kommen aus Göppingen, sie handeln mit Essig und Olivenöl, Sirup und Säften, Aufstrichen, Kompotten, Kürbiskernen und Oliven. Neu sind Priseccos. Das sind Premium-Getränke aus speziell ausgewählten Äpfeln und Birnen von schwäbischen Streuobstwiesen. Absolut anders und alkoholfrei. Gewissermaßen als Aufsichtsrat begleitet Karl-Otto Kaiser die Juniorfirma. Er ist Diplom-Handelslehrer und Oberstudienrat an der Kaufmännischen Schule Göppingen; ein „normaler Lehrer“ ist er aber nicht: Er hält Vorträge, er besucht ständig Workshops und Seminare für Unternehmer und immer wieder überträgt er sein Wissen aus der Wirtschaft auf die Schule. So hat er schon mehr als 30 innovative Projekte an Schulen realisiert. Doch zurück zu JUKon: Die Erlöse fließen zu einem Drittel in das eigene Wachstum, zu einem Drittel in die Weiterbildung der jungen Einkäufer, Verkäufer, Marketing-Experten, Buchhalter, Lageristen und Online-Shop-Betreuer und zu einem Drittel in einen guten Zweck. Denn die Lektion haben die Schüler gelernt: Gewinne sind wichtig – aber noch wichtiger ist das, was man aus ihnen macht.

2007 zum Beispiel übergab JUKon eine Spende in Höhe von 1.000 Euro an den Friedensnobelpreisträger Professor Muhammad Yunus und seine Grameen Bank, die dieses Geld in Form von Kleinstkrediten an Arme in Bangladesh verleiht. Derzeit helfen die Schüler einem Waisenkind auf Madagaskar: Sie bezahlen Unterkunft, Verpflegung, Ärzte und Schule.

Bei JUKon lernen alle alles, weil alle Jobs ständig rotieren und jeder für jeden einspringt. „Lean Management", konstatiert Karl-Otto Kaiser. Das war nicht immer so: „Anfangs haben wir feste Posten vergeben: ein Chef, zwei Sprecher", sagt Kaiser. „Das hat nicht funktioniert. Wer einmal Chef ist, will es immer bleiben – gerade auch dann, wenn er kein guter Chef ist und auch nicht vorlebt, was er von anderen einfordert. Ansonsten wäre es ja Ordnung, dass er Chef ist und bleibt."

Heute funktioniert nicht nur die Organisation der schwäbischen Juniorfirma anders-Artig, sondern auch der Vertrieb. Wer im Online-Shop bestellt und in der Nähe wohnt, muss damit rechnen, dass die Schüler mit der Warenkiste persönlich vorbeiradeln. Natürlich nur, wenn es nicht zu weit weg ist. Ansonsten kommt die Ware per Post. Daneben verkaufen die Schüler auf Gesundheits- oder Wirtschaftsmessen oder sie überraschen mit einem Stand in einem dm-drogeriemarkt oder Möbelhaus. Was bewegt die Schüler, sich in ihrer Freizeit ohne Lohn und Brot für die gemeinsame Sache einzusetzen? „Ich bin bereits im dritten JUKon-Jahr und kann nur sagen, dass es die beste Entscheidung war, mit einzusteigen", sagt eine JUKonlerin. „Im ersten Jahr waren noch ältere JUKonler da. Sie hatten die Leitung in ihren Händen und führten uns Schritt für Schritt in die Geschäfte ein." Im Laufe der Zeit gewinnen die Schüler dann nicht nur Know-how, sondern auch Format und zunehmend mehr Begeisterung (auf schwäbisch: „Begeischterung"). Im vergangenen Jahr hat sich JUKon erfolgreich am bundesweiten Schülerfirmen-Wettbewerb beteiligt. Das Bundeswirtschaftsministerium hat die Schüler eingeladen, ihren Konzern auf der Bildungsmesse Didacta 2011 vorzustellen. Und das Wirtschaftsministerium Baden-Württemberg hat JUKon zur Schülerfirmen-Messe nach Mannheim eingeladen. Wer so anders und so erfolgreich Wirtschaft lernt, fällt eben auf.

Mit im JUKon-Angebot ist übrigens das Buch: *„Einfach die Welt verändern."* Ein Buch über Dinge, die man einmal getan haben sollte. Auch anders und nicht artig und allemal lesenswert.

Weitere „Freaky Businesses“ sind aus unserer Sicht:

- H&M: bietet modische Exklusivität durch unternehmensinterne Produktionsbüros und fest angestellte Designer und Produkte, die zu extrem niedrigen Preisen angeboten werden können, da die Herstellung überwiegend in Niedriglohnländer ausgelagert ist. Dieses Geschäftsmodell hat es in der Modewelt vor H&M nicht gegeben.[120]

- mymuesli.de: Ein einzigartiges Geschäftsmodell, das auf sämtliche Regeln kostenoptimierter Herstellungsprozesse pfeift und genau damit einen Wettbewerbsvorteil erringt: Mymuesli ermöglicht es seinen Kunden, individuelle Müsli-Mischungen online zusammenzustellen und anschließend zu bestellen. Das Grundprinzip ist die ausschließliche Verwendung von Bio-Lebensmitteln sowie der Verzicht auf zusätzliche Inhaltsstoffe wie Zucker, Farbstoffe oder Geschmacksverstärker.

- CUBE: Österreichs größter Hotelbetreiber hat mit seinem Freizeit-Hotelkonzept CUBE ein Freaky Business aufgestellt, das weltweit seinesgleichen sucht: CUBE-Hotels sind Design- und Sporthotels in den österreichischen und Schweizer Alpen, die äußerlich einem Würfel gleichen – und damit eigentlich sämtlichen Anforderungen an Wirtschaftlichkeit widersprechen.[121]

- IKEA: Die Liste der Regelbrüche, die IKEA-Gründer Ingvar Kamprad auf dem Weg zum größten Möbelhaus der Welt beging, ist lang: Kunden müssen ihre Möbel selbst zusammenbauen, was Lagerplatz spart. Die Produkte werden wie in einer Dauer-Möbelausstellung in kargen Lagerhallen präsentiert und nicht zuletzt die Kombination von hochmodernem Design und tiefsten Preisen. Kamprad konnte mit diesen Ideen schließlich Umsatz- und Gewinnrekorde in seine Bücher schreiben.[122]

Sexy Business: leidenschaftlich anders

In der Öffentlichkeit drehen sich Menschen genauso nach den neuesten Produkten der Kategorie „Sexy Business" um wie nach attraktiven Menschen. Ist Ihnen das auch schon einmal aufgefallen? Wie Reisende in der Bahn die Hälse recken, wenn irgendwo ein brandneues, strahlendes Produkt mit einem Apfel-Logo ausgepackt wird?

Unglaublich. Und ein gutes Beispiel für eine sehr gute Positionierung.

Apple: der iMythos

Wie kein anderer Hersteller bringt Apple schon seit Jahren die innovativsten und dennoch simpel zu bedienenden Produkte auf den Markt. Angefangen beim iPod, der mittlerweile eine Gattungsbezeichnung für MP3-Player ist, über das iPhone bis hin zum iPad. Auch das Apple-Betriebssystem Mac OS ist

im Vergleich zu Windows benutzerfreundlicher und hat weitaus weniger Fehler und Hacker- und Virenangriffe zu verbuchen.

Das iPad als eine der neuesten Kreationen von Apple ist quasi ein vergrößertes iPhone, das man sich jedoch nicht zum Telefonieren ans Ohr hält, sondern überwiegend zum Lesen von Tageszeitungen und E-Books nutzt. Das iPad wird von Apple als die Zukunft der medialen Nutzung gesehen. Und diese Einschätzung wird von Millionen Apple-Anhängern bestätigt, die nicht nur dem iPad, sondern sämtlichen Produkten des Unternehmens derart emotional ergeben sind, dass das Nachrichtenmagazin Spiegel im Sommer 2010 eine Titelgeschichte zum „iKult" veröffentlichte: Der Aufmacher zeigt das Unternehmenssymbol, einen angebissenen Apfel, an einem paradiesischen Baum hängen, nach dem sich gierige Hände recken. Untertitel: „Wie Apple die Welt verführt!" [123]

Nespresso: magische Dosen

„George Clooney verkörpert mit seiner Persönlichkeit und seinem unglaublichen Charisma viele unserer Markenwerte wie auch soziales und gesellschaftliches Engagement ideal: Dazu gehören sicherlich Einzigartigkeit, Intensität, Ausgewogenheit sowie beim Kaffee ein starker Charakter und Sinnlichkeit.

Dies einmal ganz abgesehen natürlich von einem unschlagbaren Äußeren", so Gerhard Berssenbrügge, ehemals CEO Nestlé Nespresso SA, heute Vorstandsvorsitzender der Nestlé Deutschland AG.

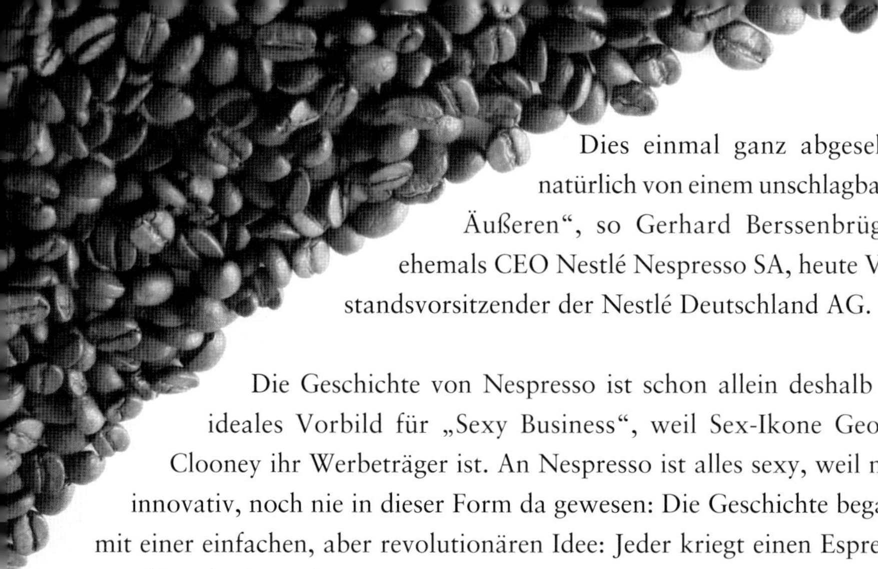

Die Geschichte von Nespresso ist schon allein deshalb ein ideales Vorbild für „Sexy Business", weil Sex-Ikone George Clooney ihr Werbeträger ist. An Nespresso ist alles sexy, weil neu, innovativ, noch nie in dieser Form da gewesen: Die Geschichte begann mit einer einfachen, aber revolutionären Idee: Jeder kriegt einen Espresso so gut hin wie ein Barista.

Aber das ist nur die halbe Wahrheit. Die revolutionäre Idee des Schweizer Lebensmittelkonzerns bestand nicht nur darin, Kaffee in kleinen Aluminiumkapseln zu portionieren – und dann sehr viel teurer zu verkaufen. Das Herzstück des Konzepts ist die sogenannte Nespresso-Trilogie:

- portionierter Grand-Cru-Kaffee für jeden Geschmack
- eine Fülle an cleveren, stilvollen, einfach handzuhabenden Kaffeemaschinen und
- exklusiver Kundenservice über den Nespresso Club.

Das Unternehmen setzt konsequent auf ein Luxusimage: Die Kapseln werden nur in eleganten Nespresso-Boutiquen verkauft oder über das Internet an die Mitglieder des „Nespresso Clubs". Ein „Sexy Business" eben, das 1986 in der Schweiz gegründet wurde. Heute ist die Firma Nestlé Nespresso S.A. ein autonomes, global gemanagtes Geschäft innerhalb der Nestlé-Gruppe, Weltmarktführer im Bereich des portionierten Premium-Kaffees und generiert seit dem Jahr 2000 jährliche Wachstumsraten von 30 Prozent.[124]

Red Bull: verleiht Seeex

Auch das Energiegetränk Red Bull wagte völlig Neues, schuf eine neue Produktkategorie und betrat auch bis dahin unerschlossene Marketingpfade: Die Werbung für dieses weitere „Sexy Business“-Beispiel begann mit den klassischen Red Bull-Comics und dem Slogan „Red Bull verleiht Flüüügel!“

Auf diesem Slogan aufbauend positionierte sich Red Bull durch Sponsoring in Nischenbereichen des Extremsports wie zum Beispiel Red Bull X-Fighters, Red Bull Air Race Series, Base Jump etc. Mittlerweile finanziert Red Bull neben dem Profi-Fußball-Verein Red Bull Salzburg die beiden Formel 1-Teams „Red Bull Racing“ und „Torro Rosso“. Die Sponsoringtätigkeit verschiebt sich also in den Bereich des Breitensports. Zusätzlich kaufte Red Bull auch noch die Fußball-Teams „New York Metrostars“ und SSV Markranstädt. Red Bull nahm also den unpopulären Weg des Sponsorings vieler kleiner Projekte und schließt jetzt den Kreis, indem es auf die breite Masse setzt.[125]

Red Bull konzentriert sich voll auf die Vermarktung seines Produkts, der Energydrink-Hersteller gibt mehr Geld für Marketing-Aktivitäten aus als für die eigentliche Herstellung seiner Getränke. Konsequenterweise arbeiten die weltweit 7.000 Mitarbeiter in 160 Ländern fast ausschließlich in Marketing und Vertrieb; Produktion, Abfüllung und Logistik erledigen externe Dienstleister.[126]

DDS Denterprise: Captain Kirk im Zahnarztkittel

Die Zahnarzt-Praxis von Kieferorthopäde Dr. Hans Seeholzer ist für uns das Paradebeispiel für „Sexy Business“ im kleineren Rahmen, das deshalb aber nicht weniger erfolgreich ist: einen Markt erobern, indem man emotional und innovativ vorgeht. Pioniere wie Hans Seeholzer schaffen Produkte, die Kunden in dieser Form noch nicht kennen. Sie positionieren sich als Spezialisten – sie sind einfach ganz anders als ihre Mitbewerber.

Als Dr. Hans Seeholzer vor vielen Jahren im Seminar „UnternehmerEnergie“ des von Cay geführten SchmidtCollegs saß, kam ihm eine ganz besondere Idee zu der Frage: „Was machen Sie und Ihr Unternehmen anders als die anderen Unternehmen?“ Mit leuchtenden Augen fuhr er nach Hause und begann, seine Praxis völlig umzugestalten. (Übrigens: Cay warnt die Teilnehmer seiner Seminare gerade deswegen vorab vor Risiken und Nebenwirkungen von „UnternehmerEnergie“.) Er verwandelte die Praxis kurzerhand in Raumschiff Enterprise und gab ihr den Namen „DDS Denterprise“. Natürlich hielten die Mitarbeiter ihn zunächst für völlig verrückt.

Doch als die Praxis umgebaut war, ging die Neuigkeit nicht nur wie ein Lauffeuer durch die Medien, sondern auch über die Schulhöfe, wo sich die Zielgruppe des Kieferorthopäden schwerpunktmäßig tummelt und sich die Jugendlichen ihren Kieferorthopäden weiterempfahlen. Die Begeisterung über dieses Praxisraumschiff war enorm. Es gab kaum einen Teenager im Raum Erding, der sich nicht von „Captain Kirk" persönlich behandeln lassen wollte.

Seeholzer ist übrigens mittlerweile in den Ruhestand gewechselt, sein Nachfolger Dr. Dr. Friedrich Widu hat die Praxis aber nicht verändert – und entdeckt weiter die unendlichen Weiten der Möglichkeiten, eine Praxis zu positionieren.[127]

Brauerei Zötler: der Mond im Bier

Kennen Sie die Allgäuer Brauerei Zötler, die in der 20. (!) Generation von Herbert Zötler geführt wird? Dieses Unternehmen wurde gegründet, bevor Kopernikus feststellte, dass sich die Sonne nicht um die Erde dreht, und bevor Martin Luther der katholischen Kirche die Stirn bot. Das Unternehmen hat neben drei schweren Bränden, dem Dreißigjährigen Krieg, der Pest und den Bauerkriegen auch zwei Weltkriege überstanden.

Zötler stellt Bier her. Das ist nicht besonders aufregend. Aber was ist aufregend? Hexerei in Vollmond-Nächten etwa? Ja, genau. Und niemand kann etwas dagegen sagen, wenn eine uralte Brauerei hingeht und die Magie des Mondes in die Bierflasche zieht. Zötler hat das tatsächlich gemacht – und zwar sehr erfolgreich: „Vollmond-Bier ist die magische Bier-Spezialität, die nur in Vollmondnächten gebraut wird", wirbt Zötler. „Insbesondere die Damenwelt" schätze das „besonders milde, fein gehopfte Bier." Die Brauerei gerät ins Schwärmen: „Der Trunk ist voll im Körper, die feine Malznote macht ihn zu einem sehr süffigen, schlanken Bier“ – na, wenn das kein sexy Produkt ist?[128]

Weitere Unternehmensbeispiele für „Sexy Business“ sind:

- **Rolls-Royce:** der Klassiker unter den Luxusgüterherstellern. Obwohl der Mythos schon älter als 100 Jahre ist, weiß heute noch jedes Kind, wofür Rolls-Royce steht: viel Geld, Upper Class, Eleganz.[129]

- **Königsegg:** „We manufacture exclusive super sports cars for a select elite of enthusiasts!“ Es gibt wohl kein Unternehmen, das seinen Sexy-Business-Anspruch derart selbstbewusst bereits im Claim formuliert.[130]

- **Spreewaldhof:** Man werte eine einfache Gurke mit einer hochwertigen Verpackung auf, indem man das Gemüse in eine stabile Dose mit peppigem Design und kessem Spruch („Get one!“) stecke, um es anschließend – vergleichsweise – teuer anzubieten: Fertig ist das „sexy Product“![131]

- **Agent Provocateur:** Die britische Wäschemarke ist für ihre opulenten Designs, ihre provozierende Werbung und ihre üppigen Preise bekannt. Zu ihren Kunden gehören Prominente wie Paris Hilton, Christina Aguilera, Kate Moss und Nicole Kidman – was mitunter dazu führt, dass Paparazzi vor den Eingängen der Läden auf Prominente lauern. Muss noch näher erklärt werden, was „Sexy Business“ ausmacht?![132]

Raucht Ihnen

der Kopf?

Wunderbar.

Dann haben unsere Beispiele hoffentlich andersArtige Ideen bei Ihnen ausgelöst. Wir sind wirklich sehr gespannt, was Sie in Ihrem Unternehmen daraus machen. Bevor wir im letzten Kapitel Ihr eigenes Unternehmen unter die Lupe nehmen und uns mit dem Thema Umsetzung beschäftigen, möchten wir Ihnen noch einen sehr wichtigen Gedanken mit auf den Weg geben: Seien Sie nicht anders, nur weil Sie anders sein wollen (das ist nur Rebellion). Seien Sie anders, um eine intelligente Idee zu verwirklichen (das ist echte Revolution).

„Andersartigkeit ist immer Mittel zum Zweck, nicht Selbstzweck. Andersartigkeit muss zur Differenzierung gegenüber dem Wettbewerb führen und für den Kunden einen entsprechenden Nutzen generieren.“ [133]

Heribert Meffert

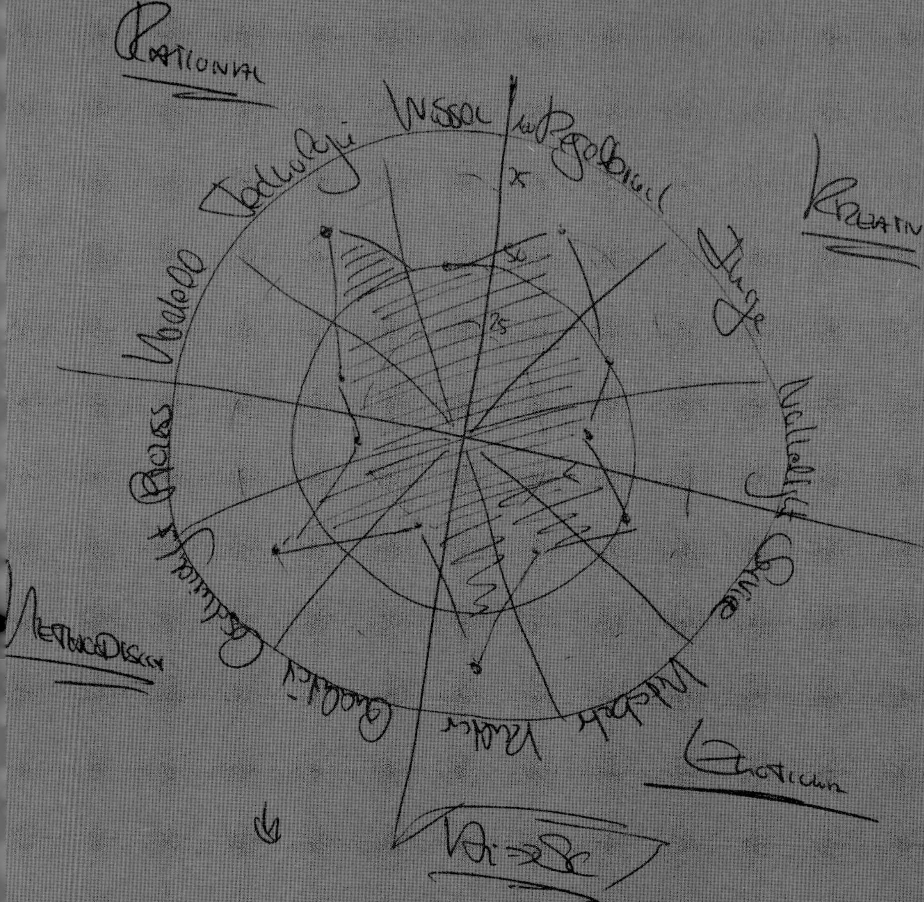

V

Das erfolgreich positionierte Unternehmen

Der AndersArtigkeits-Check

Nach den vielen Beispielen kreativer AndersArtigkeit geht es nun um Ihr konkretes Beispiel, um Ihr Unternehmen. Sind Sie noch ganz normal? Oder ticken Sie schon etwas anders? Vielleicht sind Sie ja auch völlig anders als alle anderen? Wenn Sie wollen, so können Sie sich in diesem Kapitel auf einer Skala von 1 bis 10 selbst bewerten: 0 steht für nicht ausgeprägt, 5 für eine mittlere Ausprägung und 10 für eine starke Ausprägung der jeweiligen Eigenschaft.

1. Innovation

Geschäftsmodell: Wie sieht Ihr Geschäftsmodell aus? Wie würden Sie den Grad an Innovation und Ungewöhnlichkeit einschätzen?
(10 = sehr ungewöhnliches Geschäftsmodell)

0	1	2	3	4	5	6	7	8	9	10

Technologie: Wie ist der aktuelle Stand der Technologien im Haus?
(10 = topaktuell und modern)

0	1	2	3	4	5	6	7	8	9	10

Wissen: Inwieweit sind Ihre Mitarbeiter auf dem neuesten Stand des Wissens Ihrer Branche? (10 = topaktuell)

0	1	2	3	4	5	6	7	8	9	10

2. Marke

Regelbruch: In welchem Ausmaß brechen Sie Regeln?
(10 = echte Regelbrecher zu bieten)

0	1	2	3	4	5	6	7	8	9	10

Image: Wie anders wird Ihr Unternehmen wahrgenommen? (10 = sehr andersArtig)

0	1	2	3	4	5	6	7	8	9	10

Nachhaltigkeit: Wie sehr baut Ihr Unternehmen auf ein Konzept der Nachhaltigkeit? (10 = Marketing-Konzept fokussiert auf Nachhaltigkeit)

0	1	2	3	4	5	6	7	8	9	10

3. Mitarbeiter

Service: Wie ausgeprägt ist das Service-Bewusstsein bei Ihren Mitarbeitern?
(10 = super Service)

0 1 2 3 4 5 6 7 8 9 10

Mitarbeiterorientierung: Wie eigenständig arbeiten Ihre Mitarbeiter?
(10 = voll verantwortlich)

0 1 2 3 4 5 6 7 8 9 10

Kultur: Wie bewerten Sie die Herzlichkeit und Energie von Mensch zu Mensch in Ihrem Unternehmen.
(10 = sehr herzlich)

0 1 2 3 4 5 6 7 8 9 10

4. Organisation

Qualität: Welchen Wert hat Qualität bei Ihnen?
(10 = implementiertes und gelebtes Qualitätsmanagement)

0 1 2 3 4 5 6 7 8 9 10

Geschwindigkeit: Wie schnell ist Ihre Organisation?
(10 = sehr schnell)

0 1 2 3 4 5 6 7 8 9 10

Prozess: Wie sehr beruhen Ihre Prozesse auf Effizienz und Effektivität?
(10 = intensiv)

0 1 2 3 4 5 6 7 8 9 10

Tragen Sie nun in jedes der zwölf Tortenstücke der untenstehenden Grafik den Wert ein, den Sie für diese Kategorie in der Checkliste ermittelt haben.

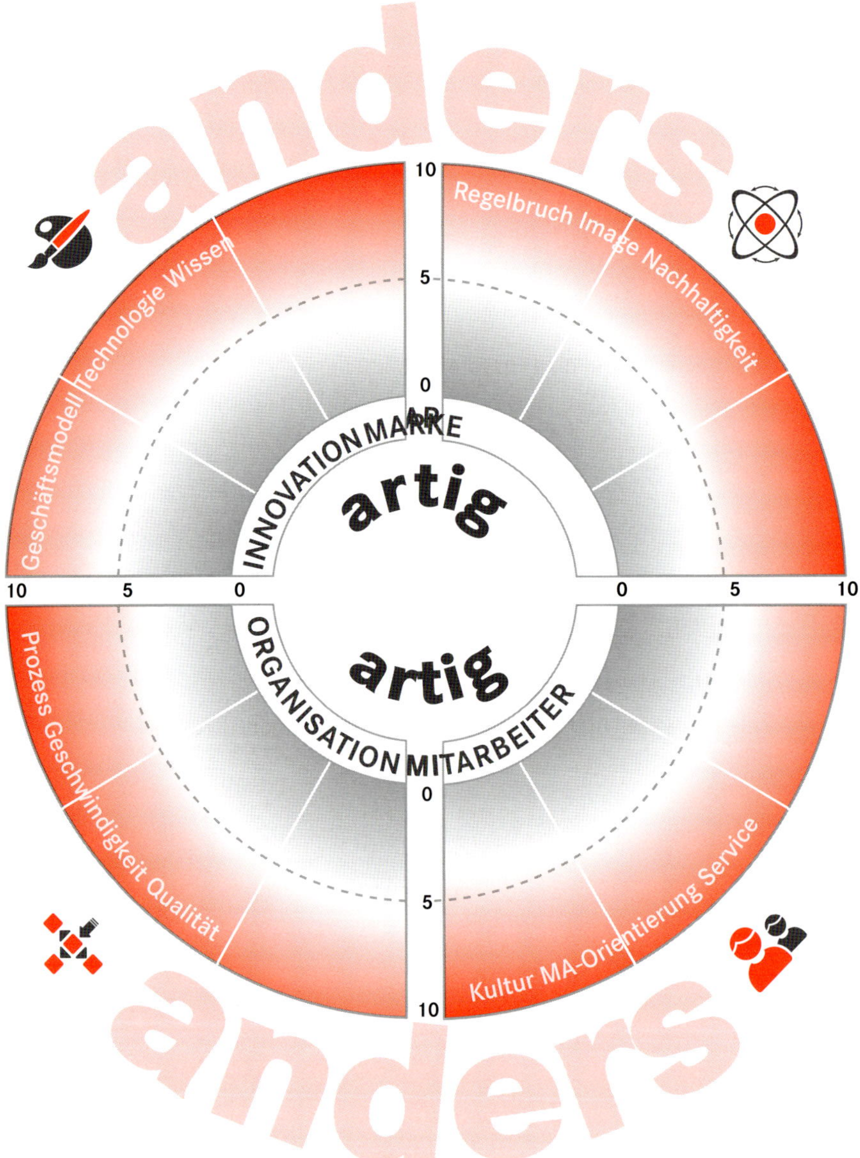

Das Ergebnis:

Ihr Ergebnis zeigt ein besonderes Muster. Aus diesem können Sie ablesen, wo Ihr Unternehmen im Moment positioniert ist.

Ihre Werte schwanken zwischen 0 und 5:

Happy in the Middle? Sie haben es sicher schon gewusst: Sie sind artig. Haben Sie ein Problem damit? Laufen Ihre Geschäfte nicht gut? Dann analysieren Sie jedes der zwölf Themen ganz genau und überlegen Sie gemeinsam mit Ihren Führungskräften und Mitarbeitern, auf welchen Gebieten Sie ein wenig oder auch mal so richtig aus der Rolle fallen können – und sollten. Sie können ja trotzdem glücklich in der Mitte bleiben.

Sind Sie überwiegend artig – und dennoch erfolgreich? Dann profitieren Sie wahrscheinlich von dem Zauberwort „Stückzahl". Sie mischen im Big Business mit und machen hohe Umsätze trotz kleiner Preise. Möglicherweise haben Sie in den Quadranten Organisation und Innovation einige hohe Ausschläge Ihrer Werte festgestellt. Gut für Sie. Wenn nicht: Schauen Sie mal, ob Sie in Ihrem Unternehmen in dieser Hinsicht noch etwas verändern können.

Oder haben Sie es geschafft, Ihre Produkte emotional so aufzuladen, dass Sie hohe (um nicht zu sagen: unartige) Preise verlangen können, obwohl Sie ansonsten recht artig sind? Dann verstehen Sie etwas von Emotional Business. Sie haben wahrscheinlich einzelne hohe Werte in den Quadranten Marke und Mitarbeiter. Gut so. Wenn nicht: Investieren Sie hier so viel Energie, wie Sie können. Dann werden Sie noch besser.

Ihre Werte schwanken zwischen 5 und 10:

Sie sind schon ziemlich andersArtig, oder nicht?

Entweder haben Sie den Markt mit einer Menge günstiger Produkte überschwemmt, die zugleich ziemlich andersArtig sind. Sie machen Freaky Business. Einerseits interessiert es Sie nicht, was Ihre Mitbewerber machen und irgendwelche Berater Ihnen sagen, andererseits machen Sie oft extra alles anders als die anderen. Achten Sie darauf, dass Ihre Werte in keinem Tortenstück zu niedrig sind. Sie sind existenziell darauf angewiesen, dass auch Ihre Mitarbeiter Freaks sind, dass Ihr Unternehmen als „freaky" gilt und dass aufgrund Ihrer Größe alle Prozesse (Organisation und Innovation) perfekt und rasend schnell ablaufen.

Oder Sie sind echt unartig – und haben Spaß daran… Als Sexy-Business-Kandidat bieten Sie alles an, was anders und zugleich teuer ist. Wow! Sie brauchen unbedingt Mitarbeiter, die Ihren Spirit leben, und eine starke, sexy Marke. Weil Sie im hochpreisigen Segment unterwegs sind, können Sie es verkraften, wenn Ihre Prozesse nicht superoptimal laufen – aber ruhen Sie sich darauf nicht aus. Die Konkurrenz ist auch nicht unsexy. Investieren Sie auch so viel wie möglich in Innovation. Wenn Sie nicht „up to date" bleiben, bleiben die Dates bald aus.

Und? Sind Sie zufrieden mit Ihrem Ergebnis?

Oder haben Sie einige Themen entdeckt, die bei Ihnen im Argen liegen? Oder überlegen Sie sogar, ob Sie Ihr Unternehmen noch einmal völlig anders positionieren? Damit Ihnen das in der Praxis gelingt, beschäftigen wir uns im abschließenden Kapitel nun damit, wie Sie Ihre super Marketing-Ideen auf den Boden der Tatsachen stellen können. Machen Sie Ernst mit Ihrer Anders-Artigkeit! Sie werden sehen, wie viel Spaß das Ihnen und Ihrem Team macht!

Vom Marketing 3.0 zum Management 3.0

„Eine Innovation ist die erfolgreiche Durchsetzung einer technischen oder organisatorischen Neuerung, nicht allein ihre Erfindung."

Joseph Schumpeter

„Dies gilt auch für innovative Marketing-Ideen!"

Viele Unternehmer und Führungskräfte sind Experten mit großer Fachkompetenz. Viele kennen sich auch sehr gut mit Betriebswirtschaft und klassischem Marketing aus. Aber es fehlt häufig an wichtigen Management- und Führungskompetenzen. Und deshalb werden hervorragende Ideen nicht umgesetzt. Oder nur zum Teil, und weil das nicht funktioniert, dann doch gar nicht umgesetzt, was auf das Gleiche hinausläuft.

Wir sind überzeugt: Ein neues, andersArtiges Marketing braucht eine neue und besonders wirksame Führung. Es reicht nicht, wenn der Geschäftsführer oder Inhaber jeden Tag an vorderster Front „mitwurschtelt" (obwohl das natürlich eine enorm starke Wirkung auf die Mitarbeiter haben kann). Ein Unternehmen muss geführt werden, und zwar gerade dann, wenn es sich in Sachen Marketing in die nächste Dimension beamen will.

Das Arbeiten an einem Unternehmen ist ebenso wichtig wie das Arbeiten in einem Unternehmen.

Unternehmen führen mit System

Das von Cay geführte „SchmidtColleg" berät seit 25 Jahren Unternehmer, Führungskräfte und Mitarbeiter, wie sich ein Unternehmen ganzheitlich, praktisch und wirksam führen lässt. Jeden Monat nehmen rund 100 Menschen an den Seminaren des „SchmidtColleg" teil – sehr viele davon fahren nach dem Seminar bis in die Haarspitzen motiviert nach Hause und krempeln ihre Firma komplett um. Grundlage aller Seminare ist das System „Führungs-Energie", das wir hier in einer Grafik dargestellt haben. Diesem System lassen sich viele Gedanken zuordnen, die wir in diesem Buch im Zusammenhang mit Marketing entwickelt haben. Es sieht ein Unternehmen als Organismus, der sich beständig weiterentwickelt. Und auch in diesem Organismus gibt es viele Beispiele einer andersArtigen Unternehmensführung.

Was auch immer wir in Zukunft gestalten wollen, immer werden die fünf dargestellten Teile Persönlichkeit, Strategie, Steuerung, Management und Führung wichtig sein, ganz gleich, ob es sich um private, unternehmerische oder gesellschaftliche Gestaltungskraft handelt.

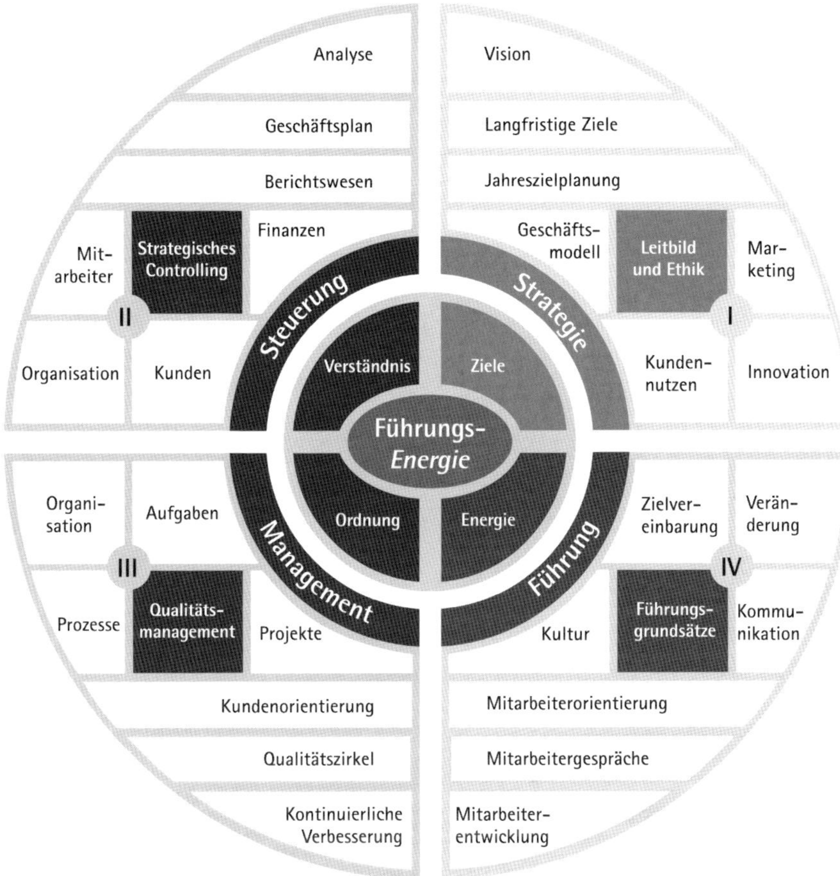

1. Der handelnde Mensch muss in Einklang mit sich sein (mittlerer Kreis) = persönliche Motivation

2. Die Vision, Ziele und Strategie (das „Wie") müssen klar sein = Klarheit

3. Die Umsetzung muss gesteuert werden = Konsequenz

4. Die Tätigkeiten müssen aufeinander abgestimmt sein = Organisation

5. Ein Team muss jeden Tag aufs Neue gut zusammenarbeiten = Kooperation

Zu der Motivation, die Zukunft gestalten zu wollen, gehört ein gutes Marketing ebenso wie die Kompetenz der Umsetzung. Nehmen Sie sich Zeit, investieren Sie in diese Fähigkeiten! Dies ist eine der wichtigsten Investitionen für den Erfolg Ihres Unternehmens – und für Ihren eigenen Erfolg.

Die andersArtige Strategie eines Unternehmens

AndersArtige Unternehmen tragen die AndersArtigkeit nicht nur auf der Fahne vor sich her, sondern sind mit jeder kleinsten Zelle anders als andere. Das beginnt bei dem gemeinsamen Bild der Zukunft, das Mitarbeiter und Unternehmer in den Köpfen und Herzen tragen.

In der Praxis sehen wir immer wieder: Das Wesentliche einer andersArtigen Strategie in Unternehmen ist der Geist einer gemeinsamen Vision und gemeinsamer Ziele. So einfach sich dies anhört, so selten finden wir es in Unternehmen. Menschen wissen oft nicht, wohin die Reise gehen oder was der Sinn des Ganzen sein soll. Dies betrifft übrigens nicht nur die Mitarbeiter, sondern sehr häufig auch die Unternehmer selbst.

Eine gelebte Vision ist die Grundlage jener Energie, die in einem Unternehmen wirkt. Hier steht der Gedanke im Vordergrund, dass ein Unternehmen stets ein einzigartiges Individuum ist und sich dies in den Marketing-Botschaften widerspiegeln sollte. Die Entwicklung des Unternehmens, unabhängig von kurzfristigen Trends, wird als der eigentliche Auftrag gesehen.

Haben Sie eine gelebte Vision? Haben Sie für Kunden und Mitarbeiter klare Ziele?

Wir kommen immer mehr zu der Erkenntnis, dass die Vision nicht etwas ist, das Sie neu erfinden müssen. Vielmehr gilt es, eine Vision freizulegen. Sie ist in jedem Unternehmen (ja auch in jedem Leben) längst vorhanden, muss aber oft erst entdeckt werden.

Binden Sie Ihre Führungskräfte und Mitarbeiter in diesen Prozess ein! Veranstalten Sie zum Beispiel einen Kreativ-Workshop und erstellen Sie gemeinsam eine Collage, die den Sinn und Zweck des Unternehmens deutlich werden lässt. Visualisieren Sie die Zukunft, denn das ist das Wesen einer Vision. Machen Sie die Zukunft durch Bilder gestaltbar und verstehen Sie, dass ein solcher Prozess nicht eine einmalige Tätigkeit ist, sondern etwas Kontinuierliches. Machen Sie und Ihre Führungskräfte auch Werbung für diese Bilder – täglich! So entsteht ein andersArtiges Unternehmen, in dem Visionen gelebt werden und in dem die Ziele wirklich klar sind.

Die andersArtige Organisation eines Unternehmens

Der Kunde im Mittelpunkt?
Der Kunde ist Mittelpunkt.
Der Kunde ist die Mitte – Punkt!

Gutes, andersArtiges Marketing eines Unternehmens kombiniert mit einer schlechten Organisation ist im 21. Jahrhundert ebenso zum Scheitern verurteilt wie die Kombination aus einer guten Organisation und schlechtem Marketing. Sorgen Sie also für eine ordentliche und dennoch andere Organisation!

Wie das geht? Stellen Sie zum Beispiel Ihr Organigramm auf den Kopf. Aus einer Pyramide würde ein Baum werden. Der Chef steht nun unten und sorgt so wie bei einem guten und stabilen Baum für die Wurzeln des Unternehmens. Der Kunde steht ganz oben und die Mitarbeiter sind wie die Blüten eines

Baums die Grundlage guter Früchte = guter Kundennutzen. Die Führungskräfte tragen diese Blüten wie Äste. Führung ist dann plötzlich kein Privileg mehr, sondern Dienstleistung. So ein Organigramm kann tatsächlich sehr viel schöner dargestellt werden als mit den klassischen Kästchen und Boxen. Menschen gehören auch nicht in Boxen und Schachteln, jedenfalls nicht zu Lebzeiten. Solange wir leben, können wir voller Energie und Leidenschaft unseren Tag gestalten. AndersArtige Organisationen unterstützen dies, sie fördern Leidenschaft, Kreativität und Engagement.

Ein anderer organisatorischer Impuls besteht darin, jeden Kontaktpunkt zum Kunden besser zu nutzen. Die Rechnung, die eine zusätzliche Werbebotschaft enthält, oder auch das Dankesschreiben bei pünktlich bezahlten Rechnungen. Wir alle kennen Zahlungserinnerungen und Mahnungen, hören aber selten ein Danke, wenn eine Rechnung pünktlich bezahlt wurde. Es gibt so viele Prozesse in einem Unternehmen, in denen ein andersArtiges Vorgehen definiert werden kann. Die Warteschleife, in der Witze erzählt werden, oder die viel verständlichere und bebilderte Gebrauchsanweisung.

Allein die Installation eines Innovationsprozesses schafft die organisatorischen Voraussetzungen für immer neue AndersArtigkeits-Impulse. In den wenigsten Unternehmen existiert ein solcher. In einen Innovationsprozess sollten auch Reklamationen als wichtiges Feedback aufgenommen werden.

Es gibt viele Möglichkeiten, das Marketing 3.0 durch ein Management 3.0 zu unterstützen.

Das andersArtige Management eines Unternehmens

Es wird oft zu viel gemanagt und zu wenig geführt.

Management und Führung sind nicht das gleiche, auch wenn die Begriffe oft synonym verwendet werden. Das Organisieren und Strukturieren von Abläufen, Prozessen und Projekten braucht hauptsächlich die Kompetenz des Managements. Ordnung, Pünktlichkeit und Zuverlässigkeit sind wesentliche Tugenden. Wenn diese Werte in einem Unternehmen gelebt werden, so erscheint dieses allein durch die Zuverlässigkeit und gute Kommunikation andersArtig, da diese Tugenden selten in ausgeprägter Form existieren.

Management und Führung sind zwei gleichermaßen existenzielle Kompetenzen eines Unternehmens, die in ihren Eigenschaften jedoch sehr verschieden sind. Beide sollten stets in Balance gehalten werden. Die Frage ist, in welcher Funktion und Situation welche der beiden Kompetenzen dominieren sollte.

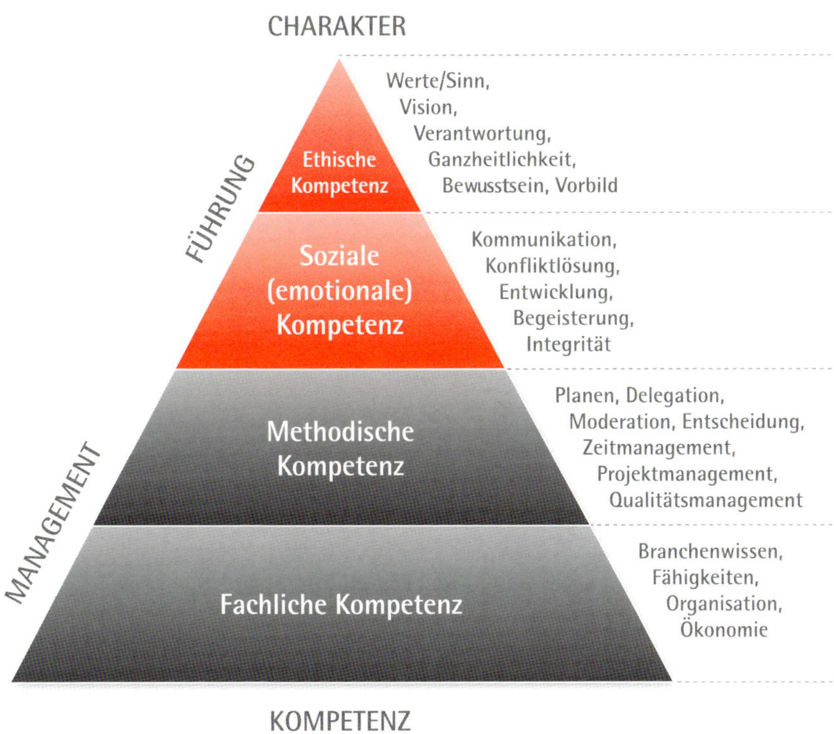

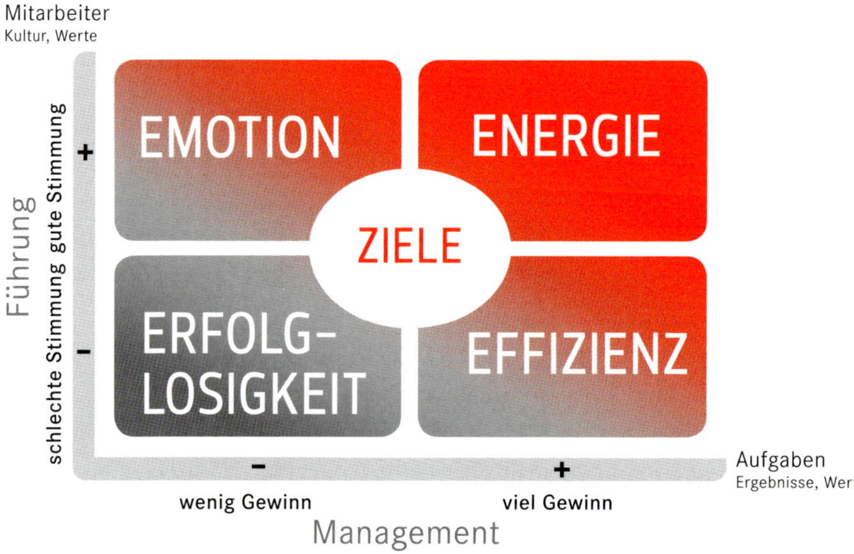

Management und Führung bedeuten zwei verschiedene, aber gleich wichtige Dimensionen:

Management

- konzentriert sich auf Ergebnisse,
- kann durch die Steigerung des Unternehmenswertes gemessen werden,
- der Arbeitsstil ist konzentriert und konsequent,
- erledigt die wichtigsten Aufgaben zuerst (und die unwichtigen überhaupt nicht) und
- fasst Arbeit möglichst in Blöcken zusammen und nutzt „effiziente Stunden".

Führung

- konzentriert sich auf Menschen und deren Stärken,
- kann durch gelebte Ethik gespürt werden,
- bleibt den wichtigen Werten treu,
- übernimmt Verantwortung und
- investiert in Menschen.

Wenn wir Management und Führung als zwei Dimensionen wahrnehmen, so dienen beide der Erreichung von Zielen eines Unternehmens. Tragen wir dafür Management und Führung auf zwei Achsen ein, so werden die jeweiligen Wirkungen gut sichtbar:

Gute Führung wirkt auf die Kultur eines Unternehmens und gutes Management auf die Ergebnisse. Gelebte Werte und ein daraus resultierender Wert bilden den ganzheitlichen Organismus Unternehmen.

Wenn beide Kompetenzen (Führung und Management) nur wenig ausgeprägt sind bzw. ungenügend wahrgenommen werden, führt dies über kurz oder lang zur Erfolglosigkeit. Es mag sein, dass Unternehmen in diesem Feld über einen längeren Zeitraum wahrgenommen werden und bestehen können. Ganze Staaten haben so Jahrzehnte existiert. Die bloße Existenz kann jedoch kein hinreichender Beweis für Erfolg sein. Letztlich haben sich solche Systeme früher oder später aufgelöst.

An diesem Bild wird aber auch deutlich, was passiert, wenn eine Dimension überwiegt. Bei zu viel Management kommt es zwar zur gesteigerten Effizienz, aber die Unternehmenskultur leidet. Unternehmen in diesem Bereich können langfristig erfolgreich sein, allerdings macht es den Menschen keine große Freude, dort zu arbeiten. Solange die Wirtschaft ausgelegt ist auf Ergebnisse und nicht auf den Menschen, dem sie eigentlich dienen sollte, solange wird das Feld der Effizienz auch dominieren.

Etwas schöngeistiger geht es in Unternehmen zu, bei denen Führung überwiegt und Management zu kurz kommt. Hier geht es dann um Emotionen. Der Mensch steht zwar im Mittelpunkt, aber Unternehmen können auch mit lauter glücklichen Menschen pleite gehen. Der Erfolg eines solchen Unternehmens ist meist durch fehlende Ergebnisse limitiert und es verschwindet eher vom Markt als ein Unternehmen, das der Effizienz folgt. Dies mag auch ein Grund dafür sein, dass sich Unternehmen, wenn sie sich zwischen Effizienz und Emotion entscheiden müssen, in der Regel die Effizienz wählen.

Wenn in Unternehmen eine Symbiose aus beiden Dimensionen – Management und Führung – gelingt, so entsteht Energie. Eine alltägliche positive Spannung und Wirksamkeit führt in solchen Situationen meistens zu einem guten und konstruktiven Wachstum in einem Unternehmen. Dieses Wachstum ist dann die Grundlage für wahren und nachhaltigen Erfolg.

Die andersArtige Führung eines Unternehmens

**Begeisterte Unternehmer
begeistern ihre Mitarbeiter.
Begeisterte Mitarbeiter
begeistern die Kunden.
Begeisterte Kunden
begeistern neue Kunden.
Neue Kunden begeistern
Unternehmer und Mitarbeiter.**

Letztlich wäre es gar nicht so schwer, wenn „Führung" richtig verstanden und sich Unternehmen mehr damit beschäftigen würden. Das Potenzial, das hier in den meisten Unternehmen noch brachliegt, ist gewaltig.

Wir sind absolut überzeugt: Von der Zufriedenheit zur Begeisterung der Mitarbeiter kommen Unternehmen nur durch den Ansatz der ganzheitlichen und gesunden Führung.

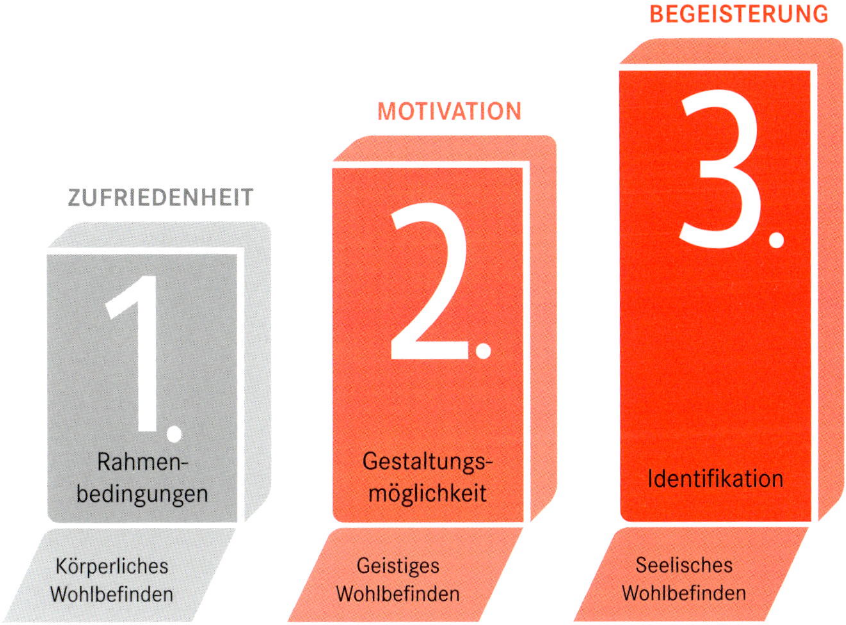

Zufriedenheit schaffen

Um zufriedene Mitarbeiter zu haben, müssen die Rahmenbedingungen stimmen: Geld, Zeit, Infrastruktur, Ordnung und ein geregeltes Betriebsklima. Auch zufriedene Kunden gehören zu den Voraussetzungen, denn wenn die Kunden nicht zufrieden sind, so werden es die Mitarbeiter auch nicht sein (und umgekehrt).

Motivieren

Wenn wir darüber hinaus von Motivation sprechen wollen, so geht diese einher mit geistigem Wohlbefinden. Die Gestaltungsmöglichkeiten in einem Unternehmen erlauben es, dass individuelle Motive berücksichtigt werden: Flexible Arbeitszeiten, transparente Ziele und deren Beeinflussbarkeit, Anerkennung für gute Arbeit und motivierte Kunden sind einige Beispiele, die dazu führen, dass von Mitarbeitermotivation gesprochen werden kann.

Begeistern

Bei der dritten Stufe, der „Begeisterung“, geht es um das seelische Wohlbefinden und somit um die Identifikation der Mitarbeiter mit dem Unternehmen. Begeisterte Mitarbeiter wird nur jenes Unternehmen haben, dem eine gelebte Vision, Arbeit, die als sinnvoll empfunden wird, Wertschätzung und Vertrauen, Investitionen in die Menschen, Lebensbalance der Mitarbeiter und vor allem deren Gesundheit am Herzen liegen.

Man mag in der heutigen Zeit der Meinung sein, dass es sich bei solchen Forderungen um Hirngespinste handelt. Sieht es in den Firmen in der Regel nicht ganz anders aus? Welche Firma fördert denn wirklich die Vereinbarkeit von Familie und Beruf, Ge-sundheit, ehrenamtliches Engagement, die persönliche Lebensbalance und Weiterentwicklung? Die wenigsten Unternehmen tun dies. Es ist daher auch nicht verwunderlich, dass nur so wenige Mitarbeiter als begeistert gelten können. Unternehmen, die sich der oben genannten Anliegen annehmen, sind dann aber auch wirklich andersArtig und gut gerüstet für den Wettbewerb des 21. Jahrhunderts.

Ein gesundes Unternehmen ist ein ganzheitlicher und vitaler Organismus. In ihm werden Geist und Herz – Innovationen und Emotionen – zu einer Einheit. Wirtschaftlicher Selbsterhalt und gesellschaftlicher Arterhalt nach dem Motto „Leben und leben lassen“. Ein gesunder Organismus kümmert sich um die Gesundheit der Mitarbeiter. So können Energie und Gestaltungskraft entfaltet werden. Körperliches, geistiges, seelisches und soziales Wohlbefinden sind dabei das Ziel eines gesunden Unternehmens, damit alle Beteiligten ein besseres Leben haben und erfolgreich sein können.

Wertschätzen

Wenn wir Führung ganzheitlich begreifen, so können wir uns auch ganzheitlich mit dem Begriff der Mitarbeitermotivation auseinandersetzen. Bevor wir versuchen, Mitarbeiter zu motivieren, sollten wir erst einmal damit aufhören, sie zu demotivieren.

Bevor wir Mitarbeiter motivieren wollen, sollten wir aufhören, sie zu demotivieren.

Beides funktioniert sehr schnell und sehr intensiv im Umgang mit anderen Menschen. Wertschätzung spielt in diesem Zusammenhang eine ganz besondere Rolle. Da wir sie Menschen so selten entgegenbringen, kann Wertschätzung selbst als ein Faktor der andersArtigen Führung verstanden werden. Mit wenigen Worten können wir Wertschätzung ausdrücken und mit wenigen Worten können wir eine solche Wertschätzung auch zerstören. „Das war ein exzellenter Vortrag, auf den ich jetzt meine Ausführungen aufbauen darf und den ich in dem einen oder anderen Punkt ergänzen möchte." Dies ist ein möglicher Einstieg in einen Vortrag, bei dem die eigene Rede nicht der erste Programmpunkt war. „Den Ausführungen meines Vorredners möchte ich nur ungern widersprechen, aber in der Praxis sieht das anders aus. Überhaupt gibt es zu viel Theorie über Führung und nur wenig praktisch Greifbares, wie aus den vorherigen Ausführungen deutlich wurde." Auch so könnte ein Einstieg aussehen, der jedoch nicht viel mit Wertschätzung anderer Sichtweisen zu tun hat. Im ersten Fall bietet man die eigene Meinung als ergänzende Sichtweise an, im zweiten Fall geht man auf Konfrontation oder wertet einen anderen Standpunkt ab. Dies passiert im Führungsalltag häufig, manchmal mit Absicht, oft auch unbewusst.

Gesunde Führung: eine andersArtige Sicht auf die Motive anderer Menschen.

Vernetzen

Wenn wir im 21. Jahrhundert im Markt mitspielen wollen, müssen wir innovativ sein. Innovativ sind wir besonders dann, wenn es uns gelingt, verschiedene Ideen miteinander zu verschmelzen, so dass völlig Neues entsteht. Dazu brauchen wir vor allem eines: Vernetzung, und zwar nach innen und nach außen. Wir müssen also

- Mitarbeiter untereinander vernetzen, was zu mehr Ideen, größerer Effizienz und auch einem höheren Grad an Kooperation führt.

- Mitarbeiter mit Kunden vernetzen, so dass Begeisterung entstehen und überspringen kann.

- Mitarbeiter mit externen Experten vernetzen, so dass es immer wieder andersArtige Anstöße für Innovationen geben wird.

- Kunden untereinander vernetzen, die jetzt zu einer Gemeinschaft werden. Im Marketing 3.0 werden Kunden nicht nur Marken kaufen, sondern ihnen auch beitreten. Sie werden im Geiste Mitglied einer Marke. Dies muss allerdings umgesetzt und gemanagt werden. Nicht nur Mitarbeiter brauchen Führung, sondern Kunden auch.

So wie Kreativität der Erfolgsfaktor für das Marketing 3.0 ist, ist Kooperation der Erfolgsfaktor für das Management 3.0.

Marketing ist Chefsache

Marketing 3.0 funktioniert nicht, wenn es in der Chefetage am grünen Tisch skizziert, aber im Unternehmen nicht gelebt wird. Marketing-Experten werfen deshalb nicht nur von außen einen Blick auf die Marke (im Fachjargon: Outside-In-Perspektive), sondern auch von innen (Inside-Out-Perspektive). Mit dieser Brille auf der Nase fragen sie die Eigentümer, Geschäftsführer, Führungskräfte und Mitarbeiter nach dem Bild, das sie von der eigenen Marke haben. Denn dieses Selbstbild ist es, das die wirkliche und wirksame Identität der Marke entscheidend prägt. Für die Führung des Unternehmens heißt das: Marketing muss als integrativer, funktionsübergreifender Bestandteil in der Unternehmensführung angesehen und auf der oberen Führungsebene des Unternehmens verankert werden. Marketing muss in jedem Mauerstein des Unternehmens sitzen und von jeder Führungskraft, jedem Mitarbeiter und jedem Verkäufer verstanden und gelebt werden. Letztendich verschmelzen dann Marketing 3.0 und Management 3.0 und werden zu einem neuen König. Sie erinnern sich: „Le roi est mort, vive le roi." Das neue Marketing lebt und kann von allen gelebt werden.

„Das Geheimnis des Erfolgs? Anders sein als die anderen."

Woody Allen

Dieses Zitat gilt nicht nur im Filmbusiness, sondern – wie bisher aufgezeigt – in der gesamten Wirtschaftswelt. Im Folgenden zeigen wir an vier ausführlichen Beispielen, wie Unternehmen über andersArtige Wege ihren Erfolg für sich eingespielt haben bzw. nach wie vor einspielen. Dass sich Unternehmen dabei zum Teil der Klaviatur des Showbusiness bedienen – angefangen beim Einsatz von Testimonials über Filmserien bis hin zum Storytelling –, schließt den Kreis zum oben genannten Zitat ... aber sehen Sie selbst!

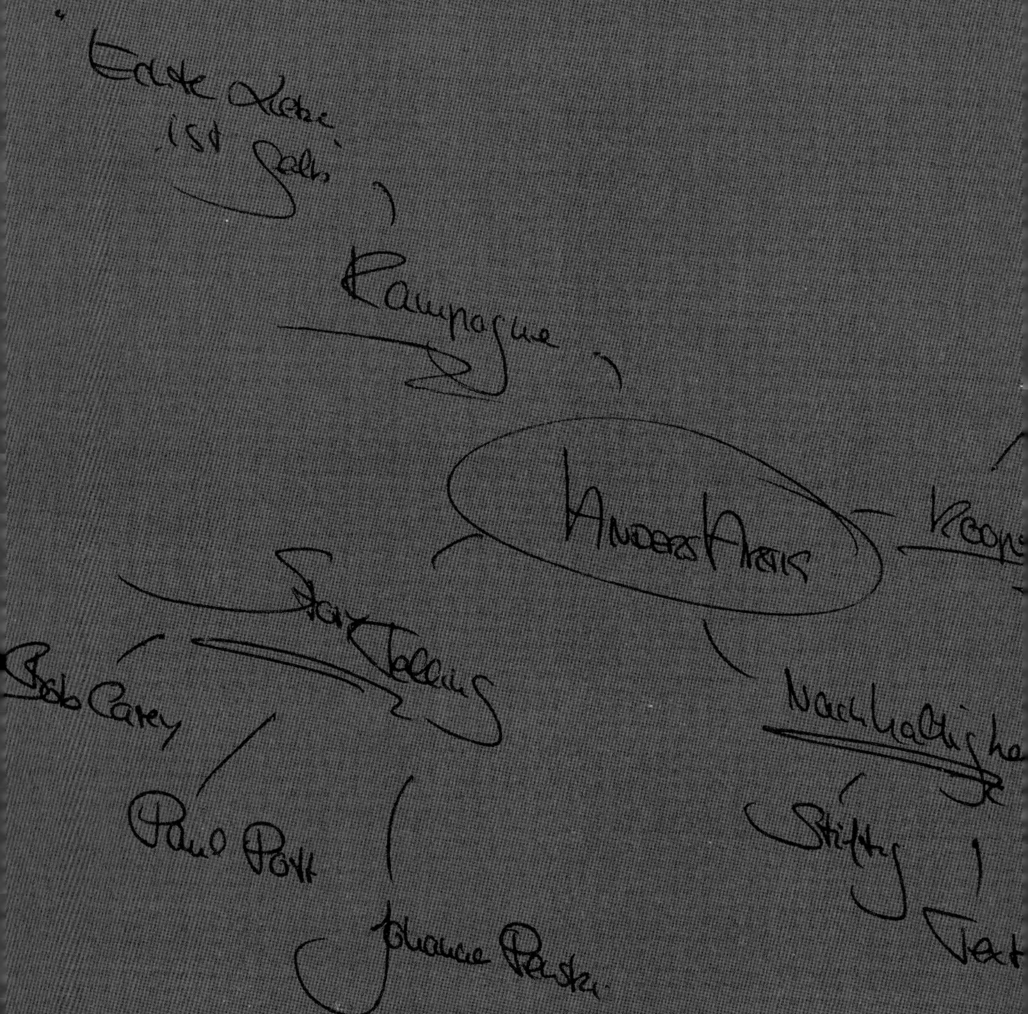

"Echte Liebe ist gelb"
Kampagne
AndersArtig
Bob Carey
Paul Potts
Stiftung

VI

Best Practice

100 Prozent bio, 100 Prozent fair, 100 Prozent andersArtig

Wie kann sich eine Supermarktkette vom Wettbewerb differenzieren? Diese Frage stellte sich Coop bereits vor 20 Jahren und entwickelte die fair produzierte Modelinie Naturaline aus Bio-Baumwolle, die nicht nur den Kunden beim Tragen Freude bereitet, sondern auch Coop selbst.

Lange bevor der weltweite Hype um die Nachhaltigkeit losging, hat sich Coop intensiv mit diesem Thema beschäftigt. Das Schweizer Unternehmen setzt schon seit 1993 mit Coop Naturaline auf eine umwelt- und sozialverträgliche Produktion von Bio-Baumwolltextilien.

Das Motto lautet: „Faire Produktion für Mode, die Freude macht“.

Coop lässt die Textilien für die Modelinie Naturaline ausschließlich aus biologisch produzierter und fair gehandelter Baumwolle herstellen. Diese wird von Bauern in Indien und Tansania nach dem nachhaltigen bioRe®-Standard angebaut. Um eine sichere und saubere Textilherstellung zu gewährleisten, ist eine überschaubare Anzahl ausgewählter Unternehmen für die Produktion zuständig, die alle die gleichen strengen Anforderungen erfüllen müssen. Zum Schutz der Arbeitenden gelten verschiedene Produktionsanforderungen wie chlorfreies Bleichen, Färben ohne toxische Schwermetalle sowie eine formaldehydfreie Ausrüstung der Stoffe.

Auch wird darauf geachtet, dass der CO_2-Ausstoß bei Anbau, Herstellung und Transport so gering wie möglich gehalten wird. Nicht vermeidbare Umweltbelastungen kompensiert Coop durch den Bau von Biogasanlagen und effizienten Holzöfen in den Baumwollanbaugebieten der Produzenten.

Das Resultat: Bereits seit 2012 ist das ganze Naturaline-Sortiment CO_2-neutral – von Socken und Unterwäsche über T-Shirts und Kinderkleider bis hin zu den Modekollektionen für Damen und Herren, Heimtextilien sowie Kosmetik-Watteprodukten.

Doch das ist noch nicht genug: Zusammen mit der Textilhandelsgesellschaft Remei gründete Coop 1997 die bioRe® Stiftung. Sie verfolgt das Ziel, bei den Baumwollbauern Hilfe zur Selbsthilfe zu leisten und investiert in die nachhaltige Verbesserung der Lebensbedingungen. So werden etwa durch Bildungsprojekte benachteiligte Bauernkinder gefördert oder ein Gesundheitsbus stellt die medizinische Grundversorgung in den ländlichen Gebieten in Indien sicher. Coop garantiert den rund 8.000 Kleinbauern auch die Abnahme ihrer Baumwollernte und sichert ihnen zusätzlich zum Marktpreis eine Prämie von 15 Prozent zu. Die Einhaltung dieser bioRe-Sozialleistungen wird durch die externe Kontrollfirma FLOCert in einem jährlichen Audit überprüft.

Meilensteine von Coop Naturaline

- **1993** Naturaline für umwelt- und sozialverträgliche Kleider
- **1995** Naturaline-Sortiment aus 100% Bio-Baumwolle
- **1997** Coop und Remei gründen die Stiftung bioRe
- **2005** bioRe eröffnet 1. Ausbildungszentrum in Indien
- **2006** Fahrendes Spital und 1. Animationsschule in Indien von bioRe
- **2008** 1. limitierte CO_2-neutrale Shirt-Kollektion
- **2012** Ganzes Sortiment CO_2-neutral
- **2013** Traceability-Tool für Nachverfolgbarkeit
- **2014** Neuer Gesamtauftritt und 1. Kollektion by Melanie Winiger

Coop ist es gelungen, in Partnerschaft mit Remei eine transparente Produktionskette vom Anbau der Bio-Baumwolle über die Verarbeitung bis zum Transport in die Coop-Filialen aufzubauen. Coop managt die gesamte Wertschöpfungskette zu 100 Prozent und wurde so zum weltweit größten Händler von Fair-Trade-Bio-Baumwolle.

Dass sich ausgerechnet eine Supermarktkette auf die Fahnen schreibt, einen nachhaltigen Beitrag für Mensch und Umwelt zu leisten, passt nicht gerade zu einer konventionellen Auffassung einer Supermarktstrategie. Doch Skeptiker dürften längst des Besseren belehrt sein.

Coop wurde unlängst, basierend auf dem umfassenden Audit des oekom Corporate Ratings, zum weltweit nachhaltigsten Handelsunternehmen gekürt.

Mittlerweile liefert Naturaline ausreichend Stoff für eine echte Erfolgsstory: Neben dem Textilbereich und Kosmetik-Watteprodukten bietet Coop seit 2013 auch eine zertifizierte Naturkosmetik-Linie unter Naturaline an, die bereits erfreuliche Wachstumszahlen aufweist. Insgesamt hat sich der Umsatz für Coop sehr positiv entwickelt. 2013 betrug der gesamte Naturaline-Umsatz 62 Mio. Schweizer Franken. Davon wurden 51 Mio. Franken allein mit den Bio-Textilien verdient. Der Umsatzanteil von Watte machte 8 Mio. Franken aus und das noch junge Kosmetik-Segment spielte 3 Mio. Franken ein.

Coop darf sich außerdem über mehrere internationale Auszeichnungen für seine andersArtige Leistung freuen. Zuletzt wurde die Naturaline 2012 anlässlich der „Sustainia 100“ auf der Rio+20-Konferenz (UN-Konferenz über nachhaltige Entwicklung in Rio de Janeiro) als eine der 100 nachhaltigsten Lösungen der Welt gekürt.

Es gibt noch weitere Erfolgsmeldungen: Der Anteil von Naturaline am vergleichbaren Bekleidungsumsatz (d.h. Umsatz von Artikeln mit mindestens 50 Prozent Baumwollanteil) beträgt rund 30 Prozent. Zudem weist der Annual Organic Cotton Market Report 2012 von Textile Exchange aus, dass Coop in 2012 nach den Bekleidungsriesen C&A, H&M, Nike und Puma weltweit Platz 5 der Top-Ten-Liste „Organic Cotton User“ belegt.

Eine Marken-Botschafterin im Einsatz

Um Naturaline einem noch breiteren Kundenkreis vorzustellen, entschied sich Coop für eine Kooperation mit Model und Schauspielerin Melanie Winiger. In der Schweiz ist sie einem großen Publikum bekannt und wird als junge, moderne und nachhaltig denkende Mutter wahrgenommen – die Naturaline-Kundin par excellence!

Coop Naturaline by Melanie Winiger

Die seit 2008 engagierte Marken-Botschafterin kreierte innerhalb der Naturaline-Frühjahrskollektion 2014 eine eigene Linie: Naturaline by Melanie Winiger. Die Schnitte, die Farben und der Stil transportieren Lebensfreude pur.

Die Medienresonanz auf die Winiger-Kollektion war enorm hoch. Die Neulancierung der Kollektion anlässlich des anstehenden 20-jährigen Naturaline-Jubiläums wurde dadurch extrem breit kommuniziert. Einige Artikel waren nach kurzer Zeit bereits ausverkauft. So dürfte die neue Herbstkollektion mit der Handschrift von Melanie Winiger bereits mit Spannung erwartet werden!

Das Fazit

Coop ist der Beweis gelungen: Die Verbindung von Mode und Engagement für die Umwelt ist kein Widerspruch und die Produkte sind erschwinglich.

Coop hat verstanden, dass die Konsumenten, insbesondere in der Schweiz, nicht einfach das billigste Produkt wollen – sie wollen das bestmögliche Produkt zu einem fairen Preis.

Naturaline ist die passende Antwort. So konnte sich Coop eine eigenständige, unverwechselbare Positionierung schaffen und sich mit qualitätsorientierten, einzigartigen Marktleistungen deutlich von den Mitbewerbern abheben.[134]

„Naturaline ist 100 Prozent fair, 100 Prozent bio und 100 Prozent transparent. Diese Konsequenz ist international mehr als vorbildlich. Und das Beste: Es sieht auch super aus!"
Philipp Wyss, stellvertretender Vorsitzender der Coop Geschäftsleitung

AndersArtige Aufladung eines Images

Eine „Sex and the City"-Kollektion, eine Kooperation mit dem Modemagazin GLAMOUR, Designer-Kooperationen und Präsentationen auf der Berlin Fashion Week: GÖRTZ konnte gleich mehrere große Coups landen. Und damit erfolgreich sein Image aufpolieren.

Jeder weiß, dass das Image den Erfolg einer Marke bestimmt. Aber was tun, wenn der Wettbewerb härter und die Konkurrenz lauter wird? Müssen da Millionen von Euros in Media investiert werden?

Oder gibt es einen anderen Weg?

Diese Frage stellte sich 2009 auch Görtz, das Modeunternehmen für Schuhe und Accessoires. Anders als seine Wettbewerber griff es nicht in den Mediatopf, sondern ging gezielte, sich ergänzende Kooperationen ein, um seine Marke zu profilieren.

So erwarb die Ludwig Görtz GmbH 2009 die Lizenzrechte der Marke „Sex and the City" von dem führenden Fernsehsender und Markeninhaber Home Box Office Inc. (HBO®) mit Hauptsitz in New York City. Im März 2010 präsentierte Görtz die erste „Sex and the City®"-Kollektion: sexy, cool, romantisch und verspielt. Die Kollektion umfasste Schuhe, Taschen, Tücher und Sonnenbrillen, auf die die vier New Yorker Freundinnen sicher neidisch gewesen wären. Zumindest hierzulande waren alle Fans von Carrie, Samantha, Charlotte und Miranda von den exklusiven „Sex and the City"-Schuhen und -Accessoires begeistert. Der Erfolg setzte sich auch in den zwei darauffolgenden „Sex and the City®"-Kollektionen mit einzigartigem Stil und Sex-Appeal fort.

Key-Visual der „Sex and the City®"-Kollektion Frühjahr/Sommer 2010

Durch die aufmerksamkeitsstarke Kooperation wurde – und das versteht sich von selbst – eine extreme emotionale Aufladung der Marke Görtz durch das weltweit hochattraktive Image der Marke „Sex and the City" erreicht.

Um den Verkauf der Produkte zu pushen, wurde der neue Kinofilm als Marketingmotor genutzt. Für Görtz entstand dadurch ein erfreulicher Zusatzumsatz.

Aber das Handelsunternehmen feierte nicht nur Deutschlandpremiere mit den „Sex and the City®"-Kollektionen. In Zusammenarbeit mit dem Magazin GLAMOUR (Condé Nast Verlag) entwickelte Görtz zwei sexy und stilvolle Kollektionen – das hatte es zuvor noch nie gegeben. High Heels für 18- bis 35-Jährige mit dem gewissen Etwas an Attraktivität, Hochwertigkeit, Selbstbewusstsein und gleichzeitiger Tragbarkeit. So präsentierte sich die Görtz-17-Designkollektion, empfohlen von der Moderedaktion von GLAMOUR. Auch durch diese exklusive Kooperation schaffte es Görtz, seine Marke durch das hochattraktive Image des Kooperationspartners GLAMOUR sehr positiv zu besetzen und einen beträchtlichen Zusatzumsatz zu generieren.

Ergänzend zu der „Sex and the City"-Kollektion und der GLAMOUR-Kooperation konnte Görtz ab 2009 drei junge Designerlabels dazu verpflichten, jeweils eine Kollektion von zwölf Styles pro Saison bzw. Halbjahr zu entwerfen. Gleichzeitig wurde das Traditionsunternehmen nicht nur exklusiver Partner und Sponsor des jeweiligen Designers auf der Berlin Fashion Week, sondern stattete auch als offizieller Ausrüster sämtliche Mitarbeiter und Helfer des Veranstalters IMG mit Schuhen aus.

Etwa ein halbes Jahr nach der Vorstellung der Görtz-Designer-Kollektionen auf der Berlin Fashion Week konnten die Kunden die ersehnten

Schuh-Highlights in den ausgewählten Görtz- und Görtz-17-Filialen oder auch im Internet direkt unter www.goertz.de erwerben.

Die drei Designer-Kooperationen

Das Hamburger Handelsunternehmen startete die Designer-Kooperationen mit dem Designer Duo Kaviar Gauche. Von 2009 bis 2011 folgten gleich drei Kollektionen aufeinander. Individuell und doch tragbar im Design. Und mit dem für das Berliner Kultlabel Kaviar Gauche typischen Spirit avantgardistischer Lässigkeit versehen. Im Mittelpunkt der ersten Kollektion standen Overknee-Modelle, die das Hauptthema der Kaviar-Gauche-Ready-to-wear-Kollektion „Stripped“ widerspiegelten. Die zweite Kollektion fokussierte auf das Thema „Colour me beautiful“, gefolgt von der „Black Pepper/White Sugar“-Kollektion, die auf sinnliche Weise mit den Reizen gegensätzlicher Komponenten spielte.

Perret Schaad designten 2012 die Frühjahrs-/Sommer- und Herbst-/Winter-Kollektionen. Das Designerinnen-Duo steht für die perfekte Verbindung von Poesie und Rationalität, von Natürlichkeit und Urbanität. Das verkörpert auch die erste und limitierte Schuhkollektion „Görtz designed by Perret Schaad“. Die Schuhe der zweiten Kollektion sind ebenfalls chic und cool, modern und zeitlos, kreativ und pur.

Die dritte Designer-Kooperation wurde mit Michael Sontag, Absolvent der Berliner Kunsthochschule Weißensee und in der Modebranche hoch gehandelter Designer, geschlossen. Er entwickelte für Görtz zwei Kollektionen, die durch innovatives Design, hochwertige Materialien und individuellen Stil begeistern.

Aber nicht nur aufstrebende Designer nahm das Traditionsunternehmen unter Vertrag. Auch die Münchener Designerin Sonja Kiefer, die die schönsten Frauen der deutschen und europäischen Celebrity-Szene in bezaubernd feminine Abendroben kleidet, designte für Görtz im Herbst/Winter 2011 zunächst die „Red Carpet"-Kollektion: eine Abendschuh-Kollektion, die puren Glamour für besondere Anlässe versprüht. Auch die darauf folgende „Hollywood"-Kollektion, die ganz im Zeichen zeitloser Eleganz und glamourösen Stils wahrer Ikonen steht, begeisterte die Kunden.

Um seine Marke zu profilieren, müssen nicht zwangsläufig hohe Media-Etats lockergemacht werden.

Smarte Konzepte mit ausgewählten Kooperationspartnern können eine intensive emotionale Ansprache der Zielgruppe bewirken und das Image auf andersArtige Weise wieder zum Glänzen bringen.

Görtz hat bewiesen, dass es sich lohnt, gewohnte Pfade zu verlassen und sich so von der Konkurrenz abzuheben.

Durch Maßnahmen, die für ein traditionelles Handelsunternehmen alles andere als „normal" sind, hat es Götz geschafft, sowohl die Bekanntheit als auch die Sympathiewerte im Laufe der vergangenen fünf Jahre signifikant zu steigern. Dies spiegelt sich in einer entsprechenden Umsatzsteigerung wider. Allein die „Sex and the City"-Kollektion kreierte eine Handvoll Saisonbestseller und erzielte im Sommer 2010 gut 5 Prozent Umsatzanteil vom Gesamtumsatz. Auch unternehmensinterne wie externe Marktforschungsstudien belegen, dass sich Görtz auf dem richtigen Weg befindet.[135]

„Die Kooperationen mit renommierten Mode- und Lifestyle-Partnern passt gut in die Görtz-Markenstrategie. Mit exklusiven Design-Kollektionen bieten wir unseren Kunden immer wieder etwas Neues und unterstreichen damit unsere Fashionkompetenz."
Michael Jacobs, Bereichsleiter Marketing und Kommunikation der Ludwig Görtz GmbH

„Görtz designed bei Sonja-Kiefer“: RED CARPET Collection

Tagebuch eines anders-Artigen Trikolaunches

Wie PUMA, Borussia Dortmund und die „Goldene Generation“ mit der Kampagne „Echte Liebe ist gelb“ nicht nur Fans begeistern und den Marketingpreis des Sports 2013 gewinnen

Phase 1: Die Verschwörung

18. Mai

Sechs Wochen vor dem offiziellen Beginn der Partnerschaft zwischen PUMA und dem BVB wird bei Facebook die Fanseite „PUMA schwarzgelb“ gelauncht – mit einer ganz besonderen Message: „Das neue Trikot ist weg!“ – Das ist der Auftakt der aufwändigen Social-Media-Aktion „Die Verschwörung“, durch die bei den BVB-Fans Neugierde und Vorfreude auf das neue Trikot geweckt werden soll. In neun Kurzfilmen spielen die BVB-Stars Neven Subotic, Patrick Owomoyela und Roman Weidenfeller die Hauptrollen und gehen auf Spurensuche. Die Videos werden wöchentlich auf der Fanseite „PUMA schwarzgelb“ veröffentlicht und wecken die Neugier der Fans auf das neue Trikot, denn: Es ist geklaut worden!

In den Filmen wird die Geschichte des verschwundenen Trikots von allen Seiten beleuchtet. Das Trikot selbst bekommt allerdings noch niemand zu sehen! Zu jedem Video gibt es ein neues kniffliges Rätsel. Hier können sich die BVB-Fans über mehrere Wochen aktiv an der Suche nach dem Trikot-Dieb beteiligen. Bereits nach wenigen Tagen versuchen auf „PUMA schwarzgelb" mehr als 15.000 Fans die Rätsel zu knacken, um den Protagonisten zu helfen, dem Schurken auf die Schliche zu kommen. Die Gerüchteküche brodelt ...

Doch zurück zu den „Verschwörungsvideos": Der Running Gag am Ende eines jeden Films: ein strickender Roman Weidenfeller. Und warum? Roman ist wegen des verschwundenen Trikots so nervös, dass ihn nur pausenloses Stricken – ein Tipp seiner Großmutter – beruhigen kann.

Und so kommt über die Wochen einiges an Gestricktem zusammen ...

03. Juli – 20.00 Uhr

Das neunte und letzte „Verschwörungsvideo“ wird auf „PUMA schwarzgelb“ veröffentlicht. Im Finale wird das gestohlene Trikot erfolgreich zurückerobert, doch ein Problem bleibt: Wohin mit Romans Strickerzeugnissen? Im Film sehen die Fans, wie Weidenfeller, Subotic und Owomoyela die Unmengen von Strickteilen nachts um Bäume und Poller wickeln. Der Transfer in die Offline-Welt beginnt, denn noch hat niemand das neue PUMA-BVB-Trikot zu Gesicht bekommen.

Phase 2:

„Yello Yarn Storm“

04. Juli – 02.00 bis 6.00 Uhr

Sechs Stunden nach der Veröffentlichung des letzten Videos startet in Dortmund eine gigantische Guerilla-Aktion: der „Yellow Yarn Storm“ (auch: „Gelber Stricksturm“). Über 100 Helfer bringen nachts in der gesamten Dortmunder Innenstadt mehr als 2.500 Strickteile an. Danke, Roman, hier hast du ganze Arbeit geleistet!

Die Sonne geht auf und die ganze Stadt erstrahlt in Schwarzgelb. Hallo Dortmund, PUMA ist angekommen ...

04. Juli – 6.00 bis 18:30 Uhr

Ganz Dortmund staunt über die gelben Strick-Graffitis und ahnt, dass der Stadt heute noch etwas Großes bevorsteht. Dafür sorgen die kryptischen Labels, die an jedem Strickteil angebracht sind. PUMA ist in Dortmund groß aufgeschlagen, aber immer noch ist nicht klar, wie das neue Trikot aussehen wird.

Phase 3: Trikot-Launch

04. Juli – 18.30 bis 24.00 Uhr

Von Neugierde gepackt, strömen abends Tausende BVB-Fans auf den Alten Markt in der Dortmunder Innenstadt. Dort warten sie gebannt, dass es endlich losgeht. Zunächst ist „nur" eine sieben Meter hohe, schneeweiße Trikotbüste zu sehen.

Um Punkt 20.00 Uhr gibt PUMA den Startschuss zur größten Trikot-Launch-Party, die Deutschland je gesehen hat: Begleitet von coolen Beats verwandeln acht Graffiti-Künstler innerhalb weniger Minuten die schneeweiße Skulptur spektakulär in das neue PUMA-BVB-Trikot. Das Geheimnis um das viel diskutierte Design ist endlich gelüftet! Direkt im Anschluss an das Graffiti-Spektakel präsentiert die Mannschaft des BVB unter dem Jubel der Fans den kompletten PUMA-Dress für die Saison 2012/2013.

Die Trikot-Launch-Party klingt mit Live-Musik der „Baseballs“ aus. Die angrenzenden Sportgeschäfte und der BVB-Fanshop starten das Late-Night-Shopping. Bereits vor Stunden haben sich hier lange Warteschlangen gebildet. Ab sofort ist das neue PUMA-BVB-Trikot käuflich zu erwerben.

Berlin Fashion Week

05. Juli

Einen Tag später erfasst das Trikot-Fieber auch die Berlin Fashion Week. Star-Designer Guido Maria Kretschmer präsentiert in Kooperation mit PUMA seine Interpretation des neuen BVB-Trikots in einer exklusiven fünfzehnteiligen Capsule-Collection. Das hatte es bisher noch nie gegeben!

Das Fazit

Die dreiteilige Kommunikationskampagne zum Launch des neuen Trikots war ein voller Erfolg: Allein die umfassende mediale Berichterstattung zum „Yellow Yarn Storm“ und zum Trikot-Launch ergab einen kumulierten Mediawert von mehr als 1,1 Mio. Euro.

Die Videos „Die Verschwörung“ wurden mehr als 200.000 Mal angeschaut. Die Facebook-Seite „PUMA schwarzgelb“ wurde nach Abschluss der Kampagne weiter zur Kommunikation mit den BVB-Fans genutzt und verzeichnete mehr als 27.000 Fans.

Das Ergebnis dieser aufwändigen und einmaligen Kampagne: hohe Sympathiewerte an der Fan-Basis und der mit Abstand beste Verkaufsstart eines Trikots in der langen Geschichte von Borussia Dortmund. Zudem wurde diese andersArtige Kampagne mit der begehrtesten Auszeichnung der Sportbusiness-Branche, dem Marketingpreis des Sports 2013, geehrt.[136]

„Gleich zum Auftakt unserer Partnerschaft mit dem BVB ist es uns gelungen, mit einem breiten Kommunikationsmix an außergewöhnlichen Maßnahmen für Aufmerksamkeit über die Grenzen von Dortmund hinaus zu sorgen und das neue Trikot gemeinsam mit den Fans zu feiern. Freude, Begeisterung und Leidenschaft sind Werte, die PUMA, den BVB und seine Fans verbinden, und genau dies spiegelt sich auch in unserer Kampagne wider.“
Pia Madison, Head of Marketing PUMA DACH

„Real Stories“ zur anders-Artigen Markenstärkung

„Besondere Geschichten werden größer, wenn man sie teilt“ – Mit dieser Kampagne demonstriert die Deutsche Telekom nicht nur, welch enorme Bedeutung die modernen Telekommunikationstechnologien haben, sondern stärkt damit auch ihre Marke

Das Leben schreibt viele bewegende Geschichten. Doch die besten Geschichten sind die, die von Leidenschaft und Begeisterung erzählen. Diese besonderen Geschichten sind auch jene, die sich am schnellsten über diverse Kommunikationskanäle verbreiten – und genau hier setzt die Deutsche Telekom mit ihrer Kampagne zur Markenstärkung sehr erfolgreich an.

Im Mittelpunkt: ein Mann, nur mit einem Tutu bekleidet.

Die Rede ist von einem Spot (TV und online), der die bewegende Geschichte von Bob und Linda Carey erzählt. Das Paar schildert seinen bewundernswerten Umgang mit einem Schicksalsschlag. Bei Linda wurde Brustkrebs diagnostiziert. Um seine schwerkranke Frau aufzuheitern, machte Bob Carey, ein amerikanischer Fotograf, Schnappschüsse von sich selbst im rosa Tutu. Die Fotos gefielen nicht nur seiner großen Liebe, sondern auch anderen Patienten, die diese zu sehen bekamen. Bald machten sie im Netz die Runde und wurden auf sämtlichen sozialen Netzwerken geteilt. Bob und Linda erhielten viele Reaktionen darauf und gründeten „The Tutu Project“ und die „Carey Foundation“, die Frauen mit Brustkrebs unterstützt.

Als Bob und Linda Carey Anfang Dezember 2013 nach Berlin reisten, nutzte die Deutsche Telekom den Aufenthalt ihrer neuen Testimonials, um den zweiten Spot zu drehen. Dieser zeigt, wie „der Mann im rosa Tutu“ mit seiner Frau Linda Berliner Sehenswürdigkeiten besucht.

Bob Carey bei seinem Berlin-Besuch im rosa Tutu

Diese Berliner Szenen wurden in dem Spot mit Szenen aus dem ersten Commercial kombiniert. Auch hier war die Medienresonanz enorm. Den Media-Gegenwert beziffert die Deutsche Telekom auf knapp sechs Millionen Euro – ein guter Teil des Bruttobudgets on top.

Der dritte TV-Spot, der gleichzeitig auch den Abschluss der erfolgreichen Tutu-Spot-Trilogie bildet, ging im März 2014 unter dem Motto „Die Kraft des Teilens“ an den Start. Er zeigt in eindrucksvollen Bildern, wie schnell sich die bewegende Geschichte des amerikanischen Ehepaars seit dem Kampagnenstart vor allem durch das Internet verbreitet hat.

Der Erfolg der Kampagne lässt sich etwa an den über zwei Millionen YouTube- und mehr als drei Millionen Buzzfeed-Views ablesen.

Laut Marktforschung der Deutschen Telekom macht sich die Kampagne aber nicht nur bei den Views, sondern auch im Brand-Fit bemerkbar. Die Marke Deutsche Telekom will für gemeinschaftlich, authentisch, zugänglich, zuverlässig und inspirierend stehen. Vor der „Bob und Linda“-Kampagne stimmten dem 54 Prozent der Verbraucher zu. Danach waren es 65 Prozent.

Bob im rosa Spitzenröckchen war nicht die erste gute Geschichte, die die Telekom hinlegte. An die allererste Kampagne vor fünf Jahren, in der die Deutsche Telekom das Storytelling bereits erfolgreich nutzte, können Sie sich sicher noch erinnern. Im Mittelpunkt des Geschehens stand Paul Pott, ein britischer Sänger, dessen Traum es war, Menschen mit seinem Gesang zu begeistern. Aus einfachen Verhältnissen kommend, finanzierte er seine Gesangsausbildung durch Gelegenheitsjobs wie Handyverkäufe. Pott sang auf Amateurbühnen und trat ohne Gage als Tenor auf. Er gewann sogar einen kleinen Talentwettbewerb. Doch gesundheitliche sowie finanzielle Probleme und auch mangelnder Mut hinderten den talentierten Tenor 2003 daran, seine Karriere als Sänger weiterzuverfolgen.

2007 wagte Paul Pott dann doch noch einmal einen Versuch: Er betrat die Bühne der Castingshow „Britain's Got Talent“ und überzeugte bereits nach wenigen Takten die kritische Jury von seinem Talent. Er verzauberte mit seiner Stimme das Publikum, gewann die Castingshow und schaffte damit den Durchbruch. Seither ist er ein international gefragter Star – sogar vor der Queen durfte er schon singen. Ein Plattenvertrag, unzählige Fernsehauftritte und eine Tournee folgten: Potts Traum, das Singen als Berufung zu leben und damit zum Beruf zu machen, ging in Erfüllung!

Die Telekom griff mit ihrer Kampagne Potts ersten Auftritt in der Castingshow auf. Im Werbespot heißt es: „Das Leben schenkt uns einzigartige Momente. Schön, dass wir sie mit anderen teilen können.“ Er zeigt, wie Millionen von Menschen das Ereignis via Fernsehen, Internet und Mobiltelefon gemeinsam erleben und es so für alle zu einem besonderen Moment wird. Die Verbindung zur Marke Telekom ist eindeutig und glaubhaft, denn sie macht das gemeinsame Erleben erst möglich.

Die Telekom hat mit diesem Spot einen einzigartigen Moment geschaffen, der millionenfach geteilt wurde.

Er war im Fernsehen, im Kino, auf den eigenen Websites und auf YouTube zu sehen. Dass die Kampagne den Nerv getroffen hat, zeigen begeisterte Zuschriften und E-Mails von Kunden, wie z.B. „Nie hat mich Werbung so berührt ... Danke.“ Das Ergebnis: Bei der Abfrage der ungestützten Werbeerinnerung erzielte die Kampagne herausragende Ergebnisse. Auch intern wirkte die Kampagne, denn viele Mitarbeiterinnen und Mitarbeiter waren gerührt und auch stolz darauf, wie sich „ihre“ Telekom präsentierte.

Die „Besondere-Geschichten-Kampagne“ ist mit Paul Pott und dem „Mann im rosa Tutu“ aber nicht abgeschlossen. Seit März 2014 gibt es eine neue,

Deutscher Filmpreis 2014: Johanna Penski wird von Schauspieler Kostja Ullmann und Regisseur Marco Kreuzpaintner über den roten Teppich begleitet.

andersArtige Geschichte, mit der die Deutsche Telekom wirbt: die der leidenschaftlichen Komparsin Johanna Penski. In einem neuen TV-Commercial wird vom Leben der wohl berühmtesten und meistbeschäftigten Komparsin Deutschlands erzählt.

Die 86-Jährige hat inzwischen in fast 1.000 Filmen mitgespielt – gemeinsam mit Til Schweiger, Veronica Ferres, Thomas Gottschalk, Leander Haußmann und Hannes Jaenicke. Die große Begeisterung für Film und Fernsehen treibt die Berlinerin schon seit ihrer Jugend an. In TV, Print und Online schildert die Deutsche Telekom die Story der alten Lady, die für ein paar Sekunden Filmpräsenz oftmals stundenlanges Warten in Kälte oder Hitze in Kauf nimmt. Mit ihrer Filmleidenschaft schlägt sie so die Brücke zu „Entertain“, dem TV-Angebot der Deutschen Telekom.

Das Fazit

Mit dem Mann im rosa Tutu ist der Telekom ein „Internet-Hit“ gelungen.

Bobs Tutu-Bilder und die Geschichte, die dahintersteht, verbreiteten sich rasend um den Globus. Auch wenn kritische Stimmen meinen, dass Schicksale nicht instrumentalisiert werden sollten, hat die Telekom eines überzeugend demonstriert: dass bewegende Geschichten die Seele der Menschen berühren. So auch die Geschichte von Bob und Linda. Und sie macht deutlich, dass die Verbreitung dieser „Real Story“, die große Anteilnahme und die Unterstützung der Stiftung nicht möglich gewesen wären, wenn es die entsprechenden Kommunikationskanäle nicht gäbe.

Die „Besondere-Geschichten-Kampagne“ der Telekom ist zudem ein Beispiel dafür, dass sich emotionale Werbung zum Trend entwickelt. Mit „Real Stories“ können Menschen besser erreicht werden als durch Worte, Zahlen und Bilder.[137]

Auf zur
Anders

Artigkeit

Starten Sie Ihre Andersartigkeit JETZT – das Buch hat Ihnen dazu viele Anregungen gegeben. Wie wäre es, wenn Sie einen Workshop zu dem Thema „Was macht uns andersArtig?" mit Ihrem Team durchführen? Laden Sie Ihre relevanten Führungskräfte, Mitarbeiter, Marketing-Experten und Verkäufer ein – am besten zusammen mit einem Exemplar dieses Buches ;-) – und starten Sie den Workshop mit einer Analyse dessen, was Sie derzeit schon andersArtig macht. Dann sammeln Sie eine Vielzahl von Ideen aus Ihrem Team, bewerten diese anschließend (bitte nicht in der kreativen Phase!) nach Aufwand und Nutzen und schließen den Workshop mit diesen Prioritäten und einem Projektplan ab.

So gelingt Ihnen Ihr Weg zur AndersArtigkeit ... wir hoffen, Ihnen bis hier bereits einige Hilfestellungen gegeben zu haben. Gerne unterstützen wir Sie auch persönlich.

Literaturverzeichnis

Aaker, D.A./Joachimsthaler, E.: Brand Leadership, Financial Times Prentice Hall 2000.

Belz, Christian: Marketing gegen den Strom, Thexis 2009.

Burmann, Chr./Blinda, L./Nitschke, A.: Konzeptionelle Grundlagen des identitäts-basierten Markenmanagements, Arbeitspapier Nr. 1 des Lehrstuhls für innovatives Markenmanagement (LiM), Burmann, Chr. (Hrsg.), Universität Bremen 2003.

Chernatony, de L./McDonald, M.H.: Creating Powerful Brands, 3. Auflage, Butterworth Heinemann 2003.

Danne, Silvia/Hauser, Karlheinz: Süllberg: Der Gipfel der Genüsse – ein werteorientiertes Spitzenunternehmen in der Gastronomie, in: Pischetsrieder (Hrsg.): Wert, Wertschätzung, Wertschöpfung, Verlag GPO 2010.

Förster, Anja/Kreuz, Peter: Alles, außer gewöhnlich. Provokative Ideen für Manager, Märkte, Mitarbeiter, Econ 2007.

Foscht, Thomas/Swoboda, Bernhard: Käuferverhalten. Grundlagen – Perspektiven – Anwendungen, Gabler 2004.

Kotler, Philip/Kartajaya, Hermanwan/Den Huan, Hooi/Lu, Sandra: Rethinking Marketing: Sustainable Marketing Enterprise in Asia, Pearson Education Asia 2002.

Kotler, Philip/Kartajaya, Hermawan/Setiawan, Iwan: Die neue Dimension des Marketings – vom Kunden zum Menschen, Campus 2010.

Kroeber-Riel, Werner/Weinberg, Peter: Konsumentenverhalten, 8. Aufl., Vahlen 2003.

Kullmann, Vanessa: Keine große Sache – Coffee to go oder wie man den Traum vom eigenen Unternehmen verwirklicht, Heyne 2007.

Meffert, Heribert (Hrsg.): Erfolgreich mit den Großen des Marketings, Campus 2009.

Meffert, Heribert/Burmann, Christoph/Kirchgeorg, Manfred: Marketing – Grundlagen marktorientierter Unternehmensführung: Konzepte, Instrumente, Praxisbeispiel, Gabler 2010.

Paul, Harry/Christensen, John/Lundin, Stephen C.: Fish! A Remarkable Way to Boost Morale and Improve Results, Hodder & Stoughton 2002.

Perrey, Jesko/Riesenbeck, Jesko: Mega-Macht Marke, McKinsey Perspektiven, Redline Wirtschaft bei Ueberreuter 2004.

Peters, Tom: Der WOW-Effekt. 200 Ideen für herausragende Erfolge, Campus 1995.

Pilsl, Karl: Die 10 Haupttrends der aus den USA kommenden Wirtschaftsrevolution. Und die damit verbundenen Konsequenzen und Chancen, Gute Nachricht 2004.

Ridderstrale, Jonas/Nordström, Kjell A.: Funky Business forever, Redline 2008.

Ries, Al/Trout, Jack: Positioning – The Battle for your Mind, McGraw-Hill, 1981. Deutsche Ausgabe: Die neue Werbestrategie, McGraw-Hill 1986.

Schleuter, Willibert: Die sieben Irrtümer des Change Managements, Campus 2009.

Simon, Hermann: 33 Sofortmaßnahmen gegen die Krise, Campus 2009.

Simon, Hermann: Hidden Champions des 21. Jahrhunderts – Die Erfolgsstrategien unbekannter Weltmarktführer, Campus 2007.

Simon, Hermann: Die Wirtschaftstrends der Zukunft, Campus 2011.

Trommsdorff, Volker: Konsumentenverhalten, 5. Aufl., Kohlhammer 2003.

Trout, Jack/Rivkin, Steve/Wied, Lorenz: Differenzierung im Hyperwettbewerb. Der Schlüssel für das Überleben von Marken, mi-Wirtschaftsbuch 2009.

Von Fournier, Cay (Hrsg.): Exzellenz im Mittelstand – Inspirationen führender Experten und Unternehmer für wirksame Führung und erfolgreiches Management, Linde 2010.

Von Fournier, Cay: Die 10 Gebote für ein gesundes Unternehmen – Wie Sie langfristigen Erfolg schaffen, 2., erweiterte Auflage, Campus 2010.

Wiedmann, Klaus-Peter: Markenpolitik und Corporate Identity, in: Bruhn, Manfred (Hrsg.): Handbuch Markenartikel (Bd. 2), Schäffer-Poeschel 1994.

Zanetti, Daniel: Kundenverblüffung – Kreative Tipps, wie Sie Ihre Kunden nachhaltig an sich binden, Redline Wirtschaft 2005.

Fußnotenverzeichnis

1 Paul, Harry/Christensen, John/Lundin, Stephen C.: Fish! A Remarkable Way to Boost Morale and Improve Results, Hodder & Stoughton 2002.

2 Simon, Hermann: Hidden Champions des 21. Jahrhunderts – Die Erfolgsstrategien unbekannter Weltmarktführer, Campus 2007.

3 Ridderstrale, Jonas/Nordström, Kjell A.: Funky Business forever, Redline 2008.

4 Koenen, Jens/Slodczyk, Katharina: „Airlines werden immer ähnlicher", Handelsblatt, 2.2.2010.

5 Trout, Jack/Rivkin, Steve/Wied, Lorenz: Differenzierung im Hyperwettbewerb. Der Schlüssel für das Überleben von Marken, mi-Wirtschaftsbuch, S. 83.

6 Meffert, Heribert/Burmann, Christoph/Kirchgeorg, Manfred: Marketing – Grundlagen marktorientierter Unternehmensführung: Konzepte, Instrumente, Praxisbeispiel, Gabler 2010.

7 Neil Borden verwendete den Begriff „Marketing Mix" 1953 in einer Rede als Präsident der American Marketing Association. Die „vier P" wurden später von Jerome MacCarthy in Basic Markting: A Managerial Approach, Homewood, I:, Irwin, 1960, eingeführt.

8 Liebl, Franz: „Marketing-Apokalypse", Brand Eins 07/2000.

9 Kotler, Philip/Kartajaya, Hermawan/Setiawan, Iwan: Die neue Dimension des Marketings – vom Kunden zum Menschen, Campus, 2010.

10 Beinhocker, Eric/Davis, Ian/Mendonca, Lenny: „The Ten Trends You Have to Watch", Harvard Business Review, Juli/August 2009.

11 The Nielsen Company: Personal Recommendations and Consumer Opinions posted online are most trusted Forms of Advertising globally, 7. Juli 2009.

12 Trendstream/Lightspeed Research, Global Web Index, 2009.

13 Titelseite „Wie lange noch?", Handelsblatt, 18.1.2011.

14 Kotler, Philip/Kartajaya, Hermawan/Setiawan, Iwan: Die neue Dimension des Marketings – vom Kunden zum Menschen, Campus, 2010.

15 Belz, Christian: Marketing gegen den Strom, Thexis 2009.

16 Steinle, Andreas: „Gnadenlose Transparenz", manager magazin, 8.12.2010.

17 Interview von Dr. Silvia Danne mit Prof. Dr. Dr. h.c. mult. Heribert Meffert am 13. September 2010 in Münster.

18 Simon, Hermann: 33 Sofortmaßnahmen gegen die Krise, Campus 2009, S. 114.

19 „Yes, You Can Raise Prices", Fortune, 2.3.2009, S. 19.

20 Simon, Hermann: 33 Sofortmaßnahmen gegen die Krise, Campus 2009, S. 117.

21 Fryba, Martin/Dolle, Andreas: „Werte geben Orientierung und Halt“, Reseller News 2008.

22 Trout, Jack/Rivkin, Steve/Wied, Lorenz: Differenzierung im Hyperwettbewerb. Der Schlüssel für das Überleben von Marken, mi-Wirtschaftsbuch, S. 86.

23 Peters, Tom: Der WOW-Effekt, Campus 1995.

24 Financial Times Deutschland, 14.12.2010.

25 preisgenau.de, 13.1.2011.

26 www.garmin.com

27 www.design-museum.de

28 www.rivella.com

29 Ries, Al/Trout, Jack: Positioning – The Battle for your Mind, McGraw-Hill, 1981. Deutsche Ausgabe: Die neue Werbestrategie, McGraw-Hill 1986.

30 Zum ursprünglichen Dreieck Marke-Positionierung-Differenzierung vgl. Kotler, Philip/Kartajaya, Hermanwan/Den Huan, Hooi/Lu, Sandra: Rethinking Marketing: Sustainable Marketing Enterprise in Asia, Pearson Education Asia 2002.

Zur Weiterentwicklung des Dreiecks in das 3i-Modell vgl. Kotler, Philip/ Kartajaya, Hermawan/Setiawan, Iwan: Die neue Dimension des Marketings – vom Kunden zum Menschen, Campus 2010.

31 Kotler, Philip/Kartajaya, Hermawan/Setiawan, Iwan: Die neue Dimension des Marketings – vom Kunden zum Menschen, Campus 2010, S. 55.

32 Von Fournier, Cay: Die 10 Gebote für ein gesundes Unternehmen – Wie Sie langfristigen Erfolg schaffen, 2., erweiterte Auflage, Campus 2010.

33 Wiedmann, K.P.: Markenpolitik und Corporate Identity, in: Bruhn, M. (Hrsg.): Handbuch Markenartikel (Bd. 2), Stuttgart 1994.

34 Burmann, Chr./Blinda, L./Nitschke, A.: Konzeptionelle Grundlagen des identitätsbasierten Markenmanagements, Arbeitspapier Nr. 1 des Lehrstuhls für innovatives Markenmanagement (LiM), Burmann, Chr. (Hrsg.), Universität Bremen 2003.

35 Aaker und Joachimsthaler führen in diesem Zusammenhang fünf Fragen an, die bei der Identifikation der relevanten Identitätskomponenten unterstützen können. Aaker, D.A./Joachimsthaler, E.: Brand Leadership, New York (u.a.) 2000.

36 Goodyear, M.: Marke und Markenpolitik, in: Planung und Analyse, Heft 3, 1994.

37 Perrey, Jesko/Riesenbeck, Jesko: Mega-Macht Marke, McKinsey Perspektiven, Redline Wirtschaft bei Ueberreuter 2004.

38 Sattler, H./Högl, S./Hupp, O.: Evaluation of the Financial Value of Brands, in: Excellence

in International Research, 4. Jg., ESOMAR (Hrsg.) 2003.

39 Markentreue-Barometer, Verbraucheranalyse 2001 der Bauer Media KG und Axel Springer Verlag AG, www.bauermedia.com.

40 Chernatony, de L./McDonald, M.H.: Creating Powerful Brands, 3. Auflage, Oxford 2003.

41 www.deutschesee.de

42 www.lichtblick.de

43 www.gesobau.de

44 www.studiosus.com

45 Trommsdorff, V.: Konsumentenverhalten, 5. Aufl., Stuttgart 2003; Kroeber-Riel, W./Weinberg, P.: Konsumentenverhalten, 8. Aufl., München 2003; Foscht, T./Swoboda, B.: Käuferverhalten, Wiesbaden 2004.

46 Meffert, Heribert: Was macht eine Marke aus? Identitätsorientierte Markenführung als Fundament, in: Meffert, Heribert (Hrsg.): Erfolgreich mit den Großen des Marketings, Campus 2009.

47 Meffert, Heribert: Was macht eine Marke aus? Identitätsorientierte Markenführung als Fundament, in: Meffert, Heribert (Hrsg.): Erfolgreich mit den Großen des Marketings, Campus 2009.

48 Kroeber-Riel, Werner: Unternehmen erzeugen in ihrer Kommunikation einen Bildersalat, Absatzwirtschaft 03/1994.

49 www.rausch.ch

50 www.tui.de

51 Kotler, Philip/Kartajaya, Hermawan/Setiawan, Iwan: Die neue Dimension des Marketings – vom Kunden zum Menschen, Campus 2010.

52 Vgl. Benjamin Knaack: Tennislegende Fred Perry – „Ich war das dreckige Arbeiterkind“. In: Spiegel online, 18.8.2009.

53 Vgl. hier sowie im ff. Albers, Markus: „Auf die ganz abgefahrene Masche“, Brand Eins, S. 90 ff. (S. 90–94).

54 Vgl. hier sowie im ff. Albers, Markus: „Auf die ganz abgefahrene Masche“, Brand Eins, S. 90 ff. (S. 90–94).

55 Zanetti, Daniel: Kundenverblüffung – Kreative Tipps, wie Sie Ihre Kunden nachhaltig an sich binden, Redline Wirtschaft 2005.

56 www.whiskas.de

57 Interview von Dr. Silvia Danne mit Prof. Dr. Dr. h.c. mult. Heribert Meffert am 13.9.2010 in Münster.

58 Interview von Dr. Silvia Danne mit Prof. Dr. Dr. h.c. mult. Heribert Meffert am 13.9.2010 in Münster.

59 Rolke, Lothar/Koss, Florian: Benchmarkstudie unter 62 Privatbanken, University of Applied Science, Mainz 2005.

60 Belz, Otto: Die Schlüsselfragen zur Einzigartigkeit, in: von

Fournier, Cay (Hrsg.): Exzellenz im Mittelstand – Inspirationen führender Experten und Unternehmer für wirksame Führung und erfolgreiches Management, Linde 2010.

61 Belz, Otto: Die Schlüsselfragen zur Einzigartigkeit, in: von Fournier, Cay (Hrsg.): Exzellenz im Mittelstand – Inspirationen führender Experten und Unternehmer für wirksame Führung und erfolgreiches Management, Linde 2010.

62 www.bmw.de

63 www.mmhotels.de

64 www.schindlerhof.de

65 Burger, Thomas: Gesundheit und Ausbildung als Erfolgsfaktoren, in: von Fournier, Cay (Hrsg.): Exzellenz im Mittelstand – Inspirationen führender Experten und Unternehmer für wirksame Führung und erfolgreiches Management, Linde 2010.

66 www.burger-gruppe.com

67 www.mcdonalds.de

68 www.deutsche-bank.de

69 Belz, Christian: Marketing gegen den Strom, Thexis 2009.

70 www.hopt-schuler.de

71 www.toyota.com

72 www.mercedes.com

73 www.swatch.com

74 www.zara.com

75 Schleuter, Willibert: Die sieben Irrtümer des Change Managements, Campus 2009.

76 Belz, Otto: Die Schlüsselfragen zur Einzigartigkeit, in: von Fournier, Cay (Hrsg.): Exzellenz im Mittelstand – Inspirationen führender Experten und Unternehmer für wirksame Führung und erfolgreiches Management, Linde 2010.

77 Belz, Otto: Die Schlüsselfragen zur Einzigartigkeit, in: von Fournier, Cay (Hrsg.): Exzellenz im Mittelstand – Inspirationen führender Experten und Unternehmer für wirksame Führung und erfolgreiches Management, Linde 2010.

78 www.intel.com

79 www.topjob.de

80 www.otto.de

81 www.actimel.de

82 Pilsl, Karl: Die 10 Haupttrends der aus den USA kommenden Wirtschaftsrevolution. Und die damit verbundenen Konsequenzen und Chancen, Gute Nachricht 2004.

83 Jonas Ridderstrale/Kjell A. Nordström: Funky Business, Financial Times Prentice Hall, 3. Auflage 2000.

84 Förster, Anja/Kreuz, Peter: Alles, außer gewöhnlich. Provokative Ideen für Manager, Märkte, Mitarbeiter, Econ 2007.

85 www.volkswagen.at

86 www.zara.com

87 www.volkswagen.com

88 www.airberlin.com

89 www.hertz.de

90 www.becks.de

91 www.aldi.com

92 www.hairkiller.com

93 www.cunda.de

94 www.fressnapf.de

95 www.lidl.com

96 www.mcdonalds.com

97 www.skoda.com

98 www.easyjet.com

99 www.jagermeister.com

100 www.rewe.de

101 www.edeka.de

102 www.starbucks.com

103 www.balzaccoffee.com

104 Danne, Silvia/Hauser, Karlheinz: Süllberg: Der Gipfel der Genüsse – ein werteorientiertes Spitzenunternehmen in der Gastronomie, in: Pischetsrieder (Hrsg.): Wert, Wertschätzung, Wertschöpfung, Verlag GPO 2010. www.suellberg-hamburg.de

105 www.coppeneur.de

106 www.vitra.com

107 www.walterknoll.de

108 www.audi.com

109 www.lufthansa.com

110 Baumgartner, Paul Johannes: Begeistere und gewinne, Gräfe und Unzer 2009.

111 www.dove.com

112 www.abercrombie.com

113 www.fielmann.com

114 www.vapianointernational.com

115 www.muenchen.prinz.de

116 www.labaracca.eu

117 Bernau, Patrick: „Eine Milliarde Dollar Umsatz mit trivialen Gutscheinen", Frankfurter Allgemeine Sonntagszeitung, Nummer 4, 30.1.2011, S. 37.

118 www.groupon.com

119 www.jukon-gp.de; Tönnesmann, Jens: „Begeischterung statt Chakka-Chakka", Brand Eins 07/2007, S. 20–21.

120 www.hm.com

121 www.vi-hotels.com

122 www.ikea.com

123 www.apple.com

124 www.nespresso.com

125 Döhle, Patricia: „Richtig dosiert?" In: Brand Eins 02/2011.

126 www.redbull.at

127 www.seminare.seeholzer.de

128 www.zoetler.de

129 www.rolls-roycemotorcars.com

130 www.koenigsegg.com

131 www.spreewaldhof.de

132 www.agentprovocateur.com

133 Interview von Dr. Silvia Danne mit Prof. Dr. Dr. h.c. mult. Heribert Meffert am 13.9.2010 in Münster.

134 www.coop.ch

135 www.goertz.de

136 www.puma.com

137 www.telekom.com

Dr. Dr. Cay von Fournier

Dr. Dr.

CAY VON FOURNIER

Mit Leidenschaft zur Exzellenz

Arzt und Unternehmer
cay.von.fournier@schmidtcolleg.de

Als Schüler programmiert Cay von Fournier Software für Bauunternehmen. Mit 22 Jahren gründet er sein erstes eigenes Unternehmen. Sein großer Traum führt ihn in die Welt hinaus ...

In Deutschland, USA und Neuseeland studiert er Medizin. Assistenzarztzeit (Chirurgie) im Virchow-Klinikum der Charité in Berlin. Promotion in Medizin an der Berliner Humboldt-Universität. 1999 wird er Facharzt für Chirurgie. Doch sein Unternehmergeist lässt ihn nicht ruhen ...

2000 wechselt Cay von Fournier in die Strategieberatung von Accenture. 2002 promoviert er in Wirtschaftswissenschaften an der Technischen Universität Dresden – und bereitet den nächsten großen Sprung vor ...

2002 wird er Inhaber und Geschäftsführer der SchmidtColleg GmbH & Co. KG in Berlin. Mittelständische Unternehmen führt er hier mit dem ganzheitlichen System UnternehmerEnergie auf neue, bessere Wege. 2005 gründet er die SchmidtColleg AG in St. Gallen. Sein Know-how als Arzt und Unternehmer trägt er auch in Vorträgen weiter ...

Cay von Fournier bringt Komplexes frisch und lebendig auf den Punkt. Mit Vorträgen rund um Unternehmensführung, Exzellenz und Gesundheit bewegt und beflügelt er sein Publikum. Auch in seinen Büchern gibt er wertvolle Impulse für die praktische Arbeit von Führungskräften und Unternehmern. Und sein Wirken für den Mittelstand lässt ihn ständig neue Ziele anstreben ...

Er lebt in der Schweiz, fährt gerne Ski und segelt. Als Hobbypilot genießt er die Freiheit der Lüfte.

Dr. Silvia Danne

DR. SILVIA DANNE
EMPOWERING YOUR BRAND

Beraterin
silvia@drdanne.de

Ab 1991 studiert sie Marketing und Internationales Management in Münster, sie arbeitet von 1996 bis 2000 als Assistentin bei **Prof. Dr. Dr. h.c. mult. H. Meffert** und **promoviert** bei ihm am Institut für Marketing.

2000 steigt sie als Managerin bei der **Gruner+Jahr** AG & Co KG in den Bereichen Anzeigen, Multimedia und schließlich Business Development ein.

2003 wird sie Leiterin der Medien- & Markenkooperationen bei der **Tchibo** GmbH und **Herausgeberin des Tchibo-Magazins.**

2005 gründet sie die **Dr. Danne Medien & Marketing GmbH.** Als Medien- & Marketing-Expertin berät sie Unternehmen aus der Konsumgüter- und Dienstleistungsbranche.

Als **Beraterin** entwickelt sie Marketing-Konzepte und unterstützt Unternehmen beim Thema Markenmanagement. Sie entwickelt und realisiert andersartige Kommunikationskonzepte, Akquisitions- und Verkaufsstrategien und berät bei der Positionierung von Unternehmen und Marken.

Als **Speakerin** begeistert sie mit provokanten Thesen zu aktuellen Marketing-Trends sowie mit andersArtigen Marketing-Konzepten, deren Erfolg sie an Beispielen aus der Praxis belegt, sie inspiriert mit fundiertem Know-how, hohem Praxisbezug und unermüdlicher Leidenschaft, gibt Impulse und regt zum Umsetzen an.

Silvia Danne mag artige sowie auch andersArtige Kulturen, genießt guten Wein und gepflegtes Essen, liebt das Meer genauso wie Joggen & Golfen und lebt in Hamburg.

toren

Vorträge von und Workshops
Dr. Dr.
CAY VON FOURNIER
Mit Leidenschaft zur Exzellenz
Buchen Sie Dr. Dr. Cay von Fournier für Ihr Event: Der Experte für ganzheitliche Unternehmensführung ist ein Top Speaker der Extraklasse.
www.cay-von-fournier.com